湿地生态修复工程原理与应用

Principle and Application of Wetland Ecological Restoration Engineering

吴季松　著

Dr. Wu Jisong

中国建筑工业出版社

图书在版编目（CIP）数据

湿地生态修复工程原理与应用 = Principle and Application of Wetland Ecological Restoration Engineering / 吴季松著. —北京：中国建筑工业出版社，2021.9

ISBN 978-7-112-26573-2

Ⅰ. ①湿… Ⅱ. ①吴… Ⅲ. ①沼泽化地—生态恢复 Ⅳ. ①P941.78

中国版本图书馆CIP数据核字（2021）第188837号

本书提出了湿地生态修复的施工原则，动植物生态系统建设、以及修复技术的创新，也包括工程的管理、评估和维护、责任与法制等全面的知识。全书阐明了湿地生态修复工程原理、湿地生态修复施工、湿地生态修复技术、湿地生态修复工程管理、湿地修复工程的评估与维护等工程原则。

本书可供广大湿地生态修复工作者、城乡规划师、风景园林师、城乡建设管理者和相关大专院校的师生等学习参考。

责任编辑：吴宇江　朱晓瑜
责任校对：王　烨

湿地生态修复工程原理与应用
Principle and Application of Wetland Ecological Restoration Engineering
吴季松　著
Dr. Wu Jisong
*
中国建筑工业出版社出版、发行（北京海淀三里河路9号）
各地新华书店、建筑书店经销
北京点击世代文化传媒有限公司制版
北京中科印刷有限公司印刷
*
开本：787毫米×1092毫米　1/16　印张：13¾　字数：281千字
2021年11月第一版　2021年11月第一次印刷
定价：68.00元
ISBN 978 - 7 - 112 - 26573 - 2
（38041）

吴季松　著

著作团队：

胡明明　李琳梅　梁留科　王殿武

王传亮　周泽光　徐玉飞　张宝全

肖桂珍　洪冠新　王　臻　陈梅湘

孙爱权　于世洁　杨中春　胡勘平

鞠茂森　方卫国　温　源　李红章

封面设计：

常雪影

著作团队简介

胡明明　无锡德林海环保科技股份有限公司董事长，为本书做了重要工作

李琳梅　全国政协委员、原自然资源部天津海水淡化与综合利用所所长，研究员

梁留科　全国政协委员、洛阳师范学院校长，教授、博导

王殿武　辽宁省水利厅厅长，教授级高工

王传亮　北京信息科技大学党委书记

周泽光　北京城建集团有限责任公司副总经理、
北京住总集团有限责任公司党委书记、董事长

徐玉飞　中国建筑第八工程局有限公司西南分公司总经理，正高级工程师

张宝全　河北省水利厅副厅长，高级工程师

肖桂珍　中国海洋发展研究会渤海湾分会理事长、
原河北省海洋局总工程师，正高级工程师

洪冠新　北京航空航天大学中法工程师学院院长，博士、教授、博导

王　臻　中国雄安集团数字城市有限公司总经理，博士

陈梅湘　戴思乐科技集团董事长，博士、高级工程师

孙爱权　水利部、交通运输部、南京水利科学研究院瑞迪总公司装备总监、研究员

于世洁　北京信息科技大学党委常委、副校长，研究员，原清华大学校办主任

杨中春　北京市人大代表，海绵城市投资有限公司董事长，硕士

胡勘平　中国生态文明研究与促进会研究与交流部主任，硕士、研究员

鞠茂森　水资源高效利用与工程安全国家工程研究中心副主任、
河海大学河长制研究与培训中心常务副主任，教授级高工

方卫国　北京航空航天大学博士、教授、博导，原经济管理学院副院长

温　源　北京循环经济促进会秘书长，质量工程师

李红章　云南省玉溪市生态环境局江川分局生态环境监测站站长，高级工程师

常雪影　封面设计

卷首插图

吴季松院士（左一）于1992年在巴黎联合国教科文组织总部与蔡方柏大使（左三）、联合国教科文组织总干事马约尔（左四）、助理总干事扎尼哥（左五）签署中国加入《关于特别是作为水禽栖息地的国际重要湿地公约》。扎尼哥先生对作者说："我最清楚您积极有效的贡献"。

1999年作为朱镕基总理为团长的中国代表团高官，在华盛顿美国国务院参加"第二届中美环境与发展论坛"并做首席发言，阐述对水问题、对三峡大坝的观点。会后朱丽兰部长说："吴季松司长的发言对后来的会议做了导向。"发言后，美国海洋和气象局长专门找到作者说："您讲得精彩。"作者在联合国任职时期制定的水标准也被美国国务院使用至今。

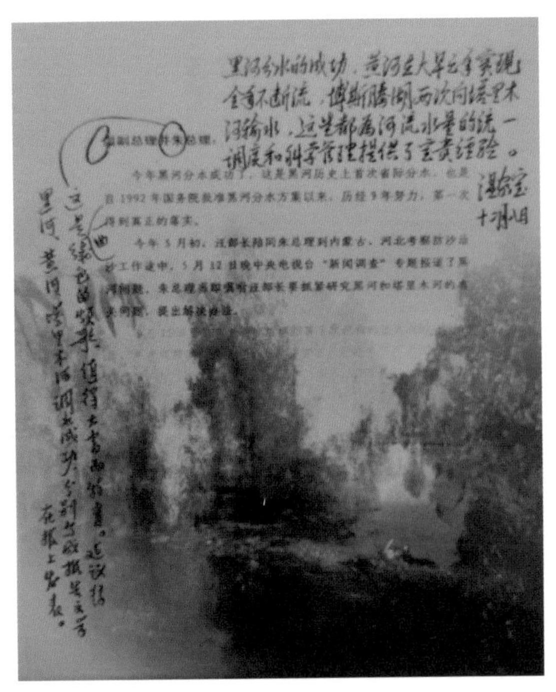

黑河分水的成功，黄河在大旱之年实现全年不断流，博斯腾湖两次向塔里木河输水，这些都为河流水量的统一调度和科学管理提供了宝贵经验。
温家宝
十二月八日

今年黑河分水成功了，这是黑河历史上首次省际分水，也是自1992年国务院批准黑河分水方案以来，历经9年努力，第一次得到真正的落实。

今年5月初，汪部长陪同朱总理到内蒙古、河北考察防沙治沙工作途中，5月12日晚中央电视台"新闻调查"专题报道了黑河问题，朱总理当即责成汪部长要抓紧研究黑河和塔里木河的生态问题，提出解决办法。

这是一曲绿色的颂歌，值得大书而特书。

吴季松院士主持了《21世纪首都水资源可持续利用规划（2001—2005）》《黑河流域近期治理规划》《塔里木河流域近期综合治理规划》和《黄河水量调度方案》四个国务院总理办公会议批准的国家级规划制定工作，并被国务院任命为指导和监督实施小组常务副组长。2001年12月8日朱镕基总理批示："这是一曲绿色的颂歌，值得大书而特书。"温家宝总理批示："……提供了宝贵的经验。"

2002年水利部在甘肃省张掖考察《黑河流域近期治理规划》执行情况，左起第四人为水利部部长汪恕诚，第二人为吴季松院士，第三人为张掖市市长田宝忠，第五人后为张掖市委书记李希，生态修复的额济纳旗东居延海今天已成为旅游热点。

吴季松院士在塔里木河尾闾调研，新疆109岁的维吾尔族老人感谢国务院批准的《塔里木河规划》使塔河下水让他重返家园。

全国节水办常务副主任、北京奥申委主席特别助理，吴季松院士为北京申奥供水，2003年组织历史上山西册田水库首次向北京集中输水5000万m^3，图为吴院士按启闸键，水从干涸的桑干河道流向北京。

自1999年执行吴季松院士主持制定的“新黄河水量调度方案”，经20年持续努力后，黄河不仅不断流，而且恢复了河口湿地。

吴季松院士由河北省水利厅张宝全副厅长陪同在白洋淀边村考察生态修复。

自序：人与湿地

我走在西伯利亚湿地中，看白桦树倒影；
我走在扎龙和盐城湿地中，看丹顶鹤长颈；
我走在青藏高原湿地中，看藏羚羊飞奔；
我走在加里曼丹文莱湿地中，看红树林中猿纵。
从国内到国外，从酷暑到严寒，湿地的美让你心动。
湿地使滇池水更清；
湿地使黑河水透明；
湿地给中国长白山森林绣上花朵；
湿地使非洲大裂谷草原郁郁葱葱。
丹顶鹤在湿地栖息；
东北虎在湿地觅食。
中华文明源于浙江良渚沼泽，
人类文明起于尼罗河畔泛滩，
这是缘于湿地的功能。
湿地亦陆亦水，干干湿湿，
原始文明需要水乡泽国。
现代人源于东非大裂谷湿地，这是国际的共识；
“湿地”拆为“地显水”，这是我们先祖造字的文明。
湿地芦苇“嘴尖皮厚腹中空”，[①]
它既能净水，又无法长生，
正如人类的历史，有多少过客匆匆。
湿地的潜育泥底，
它是湿地的生物床，万年寂静无声，
正如人民大众，默默镌刻历史。
湿地蓝绿交织，在绿水青山之间，

① 毛泽东《改造我们的学习》：墙上芦苇，头重脚轻根底浅；山间竹笋，嘴尖皮厚腹中空。

湿地陆水交融，在金山银山之中。
湿地是地球之肾，净水、汇碳、防洪，
地球是仅有的家园，人类命运休戚与共。
湿地需要修复，但“贵在原生态”，
“湿地热”要讲科学，
不能主观臆想，简单地“放水、挖坑”。
要研究国际良好湿地的参考例证，
要追溯湿地健康时的生态历史。
人类要与环境同呼吸，否则窒息；
人类要与自然共命运，否则死亡；
人类要与生态成一体，否则肢离；
人类要与规律同步进，否则盲行；
人类要创新，生态系统允许短暂摇曳，
但要可持续发展，必须保证生态动平衡。

吴季松

2021年10月18日

前言：论生态修复

2017年6月，笔者被任命为中共中央、国务院批准成立的“雄安新区规划评议专家组”的成员之后，用1年又3个月的时间出版了《湿地修复规划理论与实践》，主要是集在中国科学院任国际组织处代处长、笔者自1988年被委托主持我国加入《国际湿地公约》的准备工作开始，和直至退休后任北航经管学院院长自立团队共26年的积累，阐述了湿地的概念、规划、理论。介绍了笔者在国内8省主持制定或审定“湿地修复规划”，指导或监督规划实施的实践，简略地记述了对国内和五大洲主要类型湿地的考察。

从科学来讲，湿地是“地球之肾”；从自然来讲，湿地与森林和海洋是地球的三大生态系统；从经济来讲，它是“绿水青山”的重要组成部分，就是“金山银山”。

现在都讲“生态修复”，但要有效地工作必须有准确的科学概念。

2021年，“世界地球日”主题是“修复我们的地球”，指的是修复地球生态系统，湿地是重要内容。

长江、黄河保护立法，也将“生态保护修复”作为重要内容法律规范。

《森林法》《海洋环境保护法》《防沙治沙法》《土地管理法》，以及矿产、草原、自然保护地、野生动物保护、国土空间开发保护、空间规划等方面的重要法律法规，都注重“生态修复”理念，为国土修复工作提供全面的法律支撑。

所谓“生态修复”就是指对人类唯一的家园——地球自然生态系统的修复，几千年来，尤其是近200年来遭到人类社会经济发展和战争的严重破坏，远远超过了它的自修复能力，甚至超过了它的承载能力，使人类不但不能“可持续发展”，而且面临严重的生态危机。

所以，只有刻不容缓地保护和修复。由于破坏程度严重，只是保护已经远远不够了，所以必须要修复。所谓“修复”就是“修理”“整理”“复原”和“恢复”，而绝不是“重置”“重组”“创建”和“再造”。无论中文、英文还是法文，“修复”都是这个意思，不能曲解。

为什么不提“重建”呢？首先，原生态的自然生态系统是最科学、最合理和最平衡的，正所谓“天衣无缝”，所以，才有了存在几千万年的目前的自然界和几十万年的现代人类，而没有灭亡。因此，我国的目标是以原生态为标准尽可能“修复”。

其次，地球上有了78亿的人类，这是客观现实，都恢复到“原生态”已不可能，这是我们的目标和远景，但不可能创造一个新的自然生态系统。无论是蒸汽动力时代、电力时代、核能时代，还是人工智能时代，都不可能再造自然生态系统，已经被历史所证明，还将继续证明。历史上许多逆此潮流而动的尝试，虽然投入了很大代价，都只能取得暂时利益，而无一能持续成功。

在山水林田湖草沙冰八大生态系统中，“湿地”是纽带。山（包括高原），有湿地如三江源湿地；水指的是河湖与湿地，有河滩湿地、湖滨湿地；林有大面积的森林湿地（科学地讲是森林系统的乔冠草湿地）；稻田是人工湿地，我国有世界最大的水稻田面积；湖有湖滨湿地；草有草原湿地；沙包括戈壁和荒漠，丝绸之路荒漠中的支撑点绿洲就是湿地；冰川融化形成湿地已是气候变暖的严重后果。所以，湿地是八大生态系统中最兼容的生态系统，是森林、草原、沙漠绿洲、河源雪山和冰川的保护带，是河流、湖泊和地下水的污水处理厂。

在各类生态系统中，目前湿地基础研究最差，连什么是“湿地”定义都很混乱，无法确切统计面积，对湿地的碳汇功能更无法认真的考证。但是，在研究不足的情况下，又出现了“湿地热”，问题不少，应尽快建立湿地生态修复国家重点实验室。习近平总书记明确指出:“首先要做好研究，做好规划，朝科学的方向去改造，不顾实际就会南辕北辙，赔了夫人又折兵，竹篮打水一场空。”对湿地生态修复是一针见血。

这本书是《湿地修复规划理论与实践》的姊妹篇，是下集。上集偏重讲科学理论，下集偏重讲工程实践。

本书提出了笔者经实地考察和生态史考证对“湿地生态修复”的新发现和新认识，在国际上有重要意义。

目前的国际湿地学不但对湿地的定义是狭义的，对哪里是世界最大湿地也没搞清。笔者积自己对湿地33年的研究，于2002年和2007年两次对亚马孙河湿地实地考察，根据科学的湿地定义确认，世界最大湿地不是巴西的潘塔纳尔湿地，而是亚马孙河流域热带雨林湿地。亚马孙河流域热带雨林湿地是国际上尚不认识的洪泛湿地，不是全年有水，但有水的时间超过8个月，干干湿湿正是典型的湿地特征。这一新认识对湿地学有很高的科学价值和生态意义。笔者还确认官厅水库湿地是中国第一大湿地，是自然与人工混合湿地。官厅水库湿地原来就是黑水洼湿地，约3万km^2，成水库后连人工湿地面积达4.7万km^2，因此是中国第一、世界第八大湿地。自然与人工混合湿地是湿地的一种重要类型，不但应创新概念更应深入研究。

本书揭示了我国湿地生态修复存在的严重问题：

（1）基础研究薄弱、研究力量不足。自我国1992年加入《国际湿地公约》以来，湿地保护取得了成绩，但基础研究严重滞后。对生态修复的三大问题缺少研究：湿地的“源头”没搞清楚，特殊水平衡研究不深；对湿地生态系统的“底层”潜育层也没搞清楚，研究不透；湿地动物系统的研究甚少且不系统。

森林系统、海洋系统和湿地系统是国际共识的地球三大生态系统之一，前两者都已有国家重点实验室，唯湿地还没有。理论上，至今仍沿用联合国教科文组织关于《特别是作为水禽栖息地的国际重要公约》的狭义概念，对湿地的分类也比较混乱，急需创新定义。

据调查目前仅有东北师范大学湿地生态与植被恢复重点实验室（部级）做这方面工作，但在非专业大学力量有限。另有河北大学刚获批的学科重点实验室（省级），刚开始申请。因此亟待整合，建立国家级的湿地生态修复重点实验室平台，加强基础研究十分必要。

（2）研究不系统，成果分散。湿地学是一门综合水文学、地质学、动植物学、气候学、工程学、海洋学、医学、卫星遥感遥测和系统论等交叉多学科综合基础研究，不能单打一，更不能以偏概全。某些新建湿地按“占地挖坑、抢水放水、乱引花草、建抽象的标志建筑”的模式进行，未能修复湿地净水、防洪抗旱、碳汇、防潮和生物产出的“地球之肾”功能，在华北和西北等缺水地区更没以“节水优先”为指导，极可能破坏当地脆弱的水平衡。

（3）缺乏保护修复的高新技术。目前在技术上，修复湿地主要按土石方工程进行，至今无理论指导的施工手册，没有专门技术体系，更没有不破坏原生态潜育层的精准清淤等技术创新；致使治理目标不清，工程责任不明，极可能破坏原生湿地。

在2021年第十三届政协四次会议上，笔者联系组织了15名全国政协委员做《关于建立湿地生态修复国家重点实验室，加强湿地生态基础研究的建议》联名提案，得到全国政协领导的高度重视。

2021年是《全国重要生态系统保护和修复重大工程总体规划（2021—2035年）》实施第一年，要求严格管控围填海和天然林、湿地保护修复。

这些都是尽快建立**国家级的湿地生态修复重点实验室平台**的极有利条件，机不可失。

国家对生态保护修复支持力度不断加大，陆续启动了山水林田湖草生态保护修复工程试点，开展25个试点项目，支持海洋生态保护修复，推进红树林保护修复，强化湿地保护修复，促进生物多样性保护。还林、还草、还湿、还湖、还滩、还海，都是生态修复的重要举措，必须在科学理论指导下加强生态修复的力度，还万物休养生息的时间。

中国雄安集团公司吴季松院士工作站，从筹备到工作的4年时间里，笔者团队为建立国家重点实验室主要做了六件重要准备工作。

一是整理分析和研究了自己近30年积累的关于湿地的国内外资料。翻译了世界湿地修复最高水平美国陆军工程兵团200多名专家合编的《湿地工程手册》，包括修复美国湿地的全部资料（共700页）。代表了世界湿地生态修复的最高水平，通过认真研究和整理，与笔者的经验总结互有长短，但缺乏理论指导和分析，以我国中下层工程技术人员的水平是难以真正执行的，所以本书更有必要。

二是主办了国际湿地生态修复高层论坛，包括原林大校长尹伟伦院士和原联合国教科文科技部门韩群立教授（主管生态）等国内外顶级权威专家参加的一系列研讨会、论证会上笔者提出的湿地概念和规划方法得到一致认同。

三是在河北省委、雄安新区党工委和中国雄安集团的支持下成立了雄安集团吴季松院士工作站，在75岁高龄时，团队有了国家认可的专门湿地研究机构。

四是做了一系列前期项目和实地调研，对全国湿地有更加深入的了解。提出了我国湿地生态系统三横三纵空间分布的理论，指出它是我国长江经济带、大湾区、京津冀等经济区域和8横8纵铁路网、5横7纵公路网建设空间分布的生态基础。

五是联系了一批研究和修复有成果的单位，不仅发现了一批湿地生态修复的创新技术和人才，而且开始了湿地对碳达峰和碳中和的首创性研究。

六是做了白洋淀《藻苲淀退耕还淀生态修复（一期）》和《白洋淀水面恢复马棚淀试点》的可行性研究报告，是工程招标标书的基础和贷款的依据，也是白洋淀全面生态修复试点的科学基础。

本书对工程实践、国际考察和国内调研方面与上本书相同的部分大都删节（全面学习应结合上册），都按工程要求、实际应用和比较研究做了改写。

2021年是建党100周年，作为共产党员，笔者从4岁半起跟做地下工作的姐姐为北京大学地下党组织传递信息，开始了对党的认识，有了初心。至今已73年，“牢记使命”。

党的宗旨是“为人民服务”，本书从五个方面力争做好：一是科学用水，不乱抢水，为人民尤其是缺水地区人民保水；二是不盲目扩大湿地，为缺地地区农民保地；三是强调湿地在生态承载力许可条件下可以住人，不用全迁，大大减少搬迁的出现，更不能出现危及百姓生命的问题，而且真正给湿地居民提供宜居环境；四是全面发展湿地地区绿色产业，增加人民收入；五是发展湿地旅游、康养业，提供更多的就业机会。

本书在六个方面做到了创新：一是创新了湿地生态修复理论；二是创新了对湿地的认识，重新确定了哪里是世界和中国的最大湿地；三是创新了湿地生态修复的规划；四是创新了湿地生态修复的工程规范;五是创新了湿地生态修复的先进技术；六是开创了湿地对碳达峰和碳中和作用的研究。

本书仅以上述10方面为党的百岁诞辰献上一份有点实际意义的贺礼。

经33年对湿地研究查阅，国际上在20世纪90年代以后的30年来再无湿地生态修复工程管理方面的系统专著，唯一可取的是美国湿地修复的主承单位——美国陆军工程兵团的《湿地工程手册》（2000年3月），笔者及团队已将700页的文稿全部翻译，将其系统化，借鉴了一些案例，但美国情况与中国不同，笔者及团队只是酌情择用。因此，可以说本书是21世纪以来国际最高水平的同类著作。

将以此书为科学依据在我国召开的“第十四届《国际湿地公约》缔约方大会”上拟做主旨发言，在国际同业专家中打破美国的垄断地位，巩固我国湿地研究的国际引领地位。为全球净水、供水、防洪、碳汇、旅游、生物多样性保护和人与自然生命共同体做出贡献。

本书是著作，而不是编著，这本书具有划时代的意义。主要是笔者33年来的理论研究和工程实践，胡明明总经理主持翻译了美国陆军工程兵团的《湿地工程手册》（2000年3月）全文，并提供了本人的实绩和公司的先进技术。

吴季松院士的著作团队已在前面列出，还有院士专家团队和院士工作站董禹岑女士都为此做出了程度不同的贡献，在此向支持本书出版的所有参与者致谢。

吴季松

党中央、国务院批准设立的雄安新区规划专家评议组成员

中国雄安集团吴季松院士工作站

全国优秀科技工作者

瑞典皇家工程科学院外籍院士

中国生态文明研究与促进会首席咨询专家

北京市政府专家咨询委员会委员

2021年5月25日

目 录

第1章 湿地生态修复工程原理

自我国1992年加入《国际湿地公约》以来，湿地的保护取得了成绩，但湿地生态修复重新建、轻修复，对习近平总书记“湿地贵在原生态”的思想少研究，甚至不理解。

究其原因主要是湿地科学的研究重实用、轻理论，没有形成合力。湿地学是一门综合水文学、地质学、动植物学、气候学、工程学、海洋学、医学和系统论等多学科综合的基础研究，不能以偏概全。

在理论上，至今沿用20世纪70年代联合国教科文组织关于《特别是作为水禽栖息地的国际重要公约》的狭义概念，分类也比较混乱；而在技术上，主要是土石方工程，至今无相应的施工手册，没有精准清淤等技术创新。

我国湿地面积5360.26万hm^2，占国土的5.58%，湿地占可利用淡水的26.8%。淡水即河流水、土壤水和大气水（湖泊水除外）。据联合国资料，每公顷湿地经济价值达1.5万美元，湿地就是“金山银山”。湿地不仅可增供好水，在防洪抗旱、净水、碳汇和生物量等方面都大大超出森林和草原。

我国湿地“三横三纵”（大陆海岸低潮时6m以下滩涂为第一纵，达2.17万km^2），其分布是高铁的八横八纵和高速公路的五横七纵的空间基础。目前我国各地都在新建湿地，但多按“挖坑、放水、栽花草、修标志建筑”的不科学模式进行，仅有“公园”的休闲作用，未能修复湿地净水、防洪抗旱、碳汇、防潮和产出的“地球之肾”之功能，在华北和西北等缺水地区还会破坏脆弱的水平衡，不利节水。

习近平总书记明确指出了问题之所在：“我国面临的很多‘卡脖子’技术问题，其根子是基础理论研究跟不上，源头和底层的东西没有搞清楚。”对湿地水的自然“源头”没搞清楚，要靠洪水和地下水，而不是无度补水；对“底层”也没搞清楚，湿地的潜育层是湿地生态系统的生物床，挖掉就等于挖了湿地的根。

习近平总书记针对湿地修复有过具体指示：“抓湿地等重大生态修复工程时有没有先从生态系统整体性，特别是从江湖关系的角度出发，从源头上查找原因，在系统设计方案之后再实施治理措施。”

为把习近平总书记的指示落到实处，15位全国政协委员于2021年全国政协会议联名提案建议以中国雄安集团院士工作站团队为基础，尽快建立湿地生态修复国家重点实验室。笔者团队自1988年起就致力于湿地生态修复与研究，有着丰富的实践经验。

1.1 中国加入《国际湿地公约》及国家级湿地修复的主要成果

20世纪80年代，知道“湿地”这个词的怕只有少数专业人士。现在，“湿地”这个词进入小学课本，人人皆知，耳熟能详。湿地是如何进入人们视野，逐步被高度重视的呢？

1.1.1 笔者主持1992年我国加入《国际湿地公约》工作

1990年，笔者负责中国常驻联合国教科文代表团的科技工作，每年的任务之一是考虑可以参加哪项科技国际公约，扩大对外开放。笔者做了很多比较调研，认为参加《关于特别是作为水禽栖息地的国际重要湿地公约》(简称《国际湿地公约》)，没有什么大的弊病，于是上报外交部批准申请加入此项公约，要求有关单位写出国内外湿地情况的详细报告。没想到国内报来的材料十分简单，催要后得到的答复是找不到在申请报告上签字、专门研究湿地的专家。国际报告除公章外必须要有个人签字，这是个好规范，对于我们现在实行“终身追责制”是十分有借鉴作用的。

笔者仔细查阅了许多联合国文献和外文书籍，并就近实地调研，对“湿地”的科学定义和生态功能有了全面的认识：保护湿地是有利而无害的，湿地较排水填地的造田价值大得多，重新整理了材料报出，得以通过。

中国政府是否签署《国际湿地公约》，笔者根据国内的材料进行了3个月的仔细研究。以前笔者对湿地—沼泽地仅有的知识是“烂泥塘”，根据国内报来的材料，查阅了许多联合国文献和外交书籍才对“湿地”有所了解。湿地有三大作用：一是净化水源，水在沼泽地里积存，许多有害物质氧化分解，实际上起到了自来水厂净水池的作用，这就是为什么许多野生动物都到沼泽中饮水的原因；二是作为水域和陆地的过渡带，它起到保护水域的作用，否则由于风沙等原因，陆地将侵蚀水域；三是作为水禽栖息地，多种水禽要在湿地栖息、繁衍，破坏湿地就破坏了生物多样性。

签约最大的问题在于有关跨国往返的候鸟的争论，会不会有外国指责中国没有保护好自己的湿地，影响了他国候鸟的生存呢？我们分析的结果是：一公约是提倡性的，并没有国际监测的条款，因此不会产生侵犯国家主权的行为；二条约是互相的，他国也有类似问题；三中国的改革开放政策决定中国应该融入世界大生态系统，加入条约起促进作用。

1992年3月31日驻法蔡方柏大使与笔者向联合国教科文总干事马约尔和助理总干事扎尼古递交了中国加入《国际湿地公约》的文件，蔡方柏大使在文本上签字。签字后大家高兴地祝酒合影，马约尔总干事特别握着笔者的手说："感谢中国从法律上保护湿地，谢谢您！"扎尼古助理总干事说："我最清楚您对中国签约积极有效的贡献。"

1.1.2　笔者全面研究湿地提出的创新定义

目前大家对湿地定义的认识都来自《国际湿地公约》，但该公约第一条指出："为本公约的目的，湿地是指，不问其为天然或人工、长久或暂时的沼泽地、泥炭地或水域地带，带有静止或流动的淡水、半咸水或咸水水体，包括低潮时水深不超过6m的水域。"公约中所指的湿地是特别作为水禽栖息地的湿地，是一种特殊的湿地，而作为地球在森林和海洋后的第三大生态系统必须有全面、科学的定义。

笔者的定义强调了两个问题：一是湿地水不深，如低潮超过6m就不是湿地，而是近海了；二是湿地水位要变化，如太湖平均水深仅3m，但水深变化很小，所以是湖，而不是湿地；新疆的艾比湖平均水深3m左右，但年际变化很大，就是湿地，而不是湖。笔者到过的波兰东部的湿地，这些特征也都很明显。水浅和水位变化决定了湿地的特殊生态功能，是湿地的自然规律。一般来说，湿地就是干干湿湿、不断变化的一片积水地带。

什么是湿地呢？笔者经过多年研究给出定义为：自然形成的、常年或季节性的积水在海滩其低潮时水深不超过6m，而季节或年际水深变化较大，至少超过50%的水域，如沼泽地、湿原、泥炭地、滩渚地、稻田或其他积水地带。湿地是一种水陆交融、干干湿湿的特殊地貌。湿地有其不同于湖泊和河流的生态系统。因此，湿地也有其特殊的生态功能，如净水、蓄水（包括地下水）、放氧、碳汇、固碳调节气候和保护生物多样性等地球生态系统和人居环境必需的功能。在质和量上与其他生态系统不同，因此，湿地被称为"地球之肾"。对湿地的修复一定要按其特性和自然规律进行。

1.1.3　笔者对全球最接近原生态的奥卡万戈湿地的研究

笔者提出的湿地定义是以30年来对全球106国生态系统的实地考察为基础的。

1. 奥卡万戈湿地是世界上仅有的大面积原生湿地，是湿地的典型，但国际上重视不够

笔者做全球106国生态系统实地考察曾接近奥卡万戈湿地上缘。

奥卡万戈三角洲（Okavango Delta），又称为“奥卡万戈湿地”，位于非洲博茨瓦纳西北部，面积约15000km^2，是世界上最大的内陆湿地。

这一湿地是现在原生态湿地的典型，改变了《国际湿地公约》秘书处以特殊湿地以偏概全的认识。《国际湿地公约》秘书处、国际湿地专家都应以习近平总书记“湿地关键在原生态”的精辟科学认识做系统的科学研究。湿地不仅是候鸟的栖息地，也是陆地上生物多样性最丰富的生态系统。从生态史上看是人类文明的发源地，两河文明、尼罗文明、中国的良渚文明和印度河文明都起源于湿地。所以湿地的消失主要是由于人与湿地争水，使得世界上多剩下一些不宜农耕的禽类栖息地，而被西方误认为是湿地的主要类型。不懂“湿地的关键在原生态”，不仅是禽类栖息地，还包括被人类毁掉的有丰富生物多样性的湿地。因此，逐步恢复这些湿地是人与自然共同体“生态优先”的目标。中国这些科学认识要在世界上大做宣传。

纳米比亚的奥卡万戈原生湿地就是典型的例子，纳米比亚的人口密度仅为3.1人/km^2，全国达到自然保护区核心区标准，奥卡万戈湿地的人口密度仅约为1人/km^2，所以保留了原生态。

2. 改变了国际上对湿地的认识：最丰富的生物多样性

奥卡万戈湿地为丰富的动植物种类提供了一个理想的栖息地。这块湿地由水域和小岛组成，遍布浓密无边的纸莎草和芦苇丛，小岛上草木丛生，生长着洋槐、棕榈和无花果树。其中，博茨瓦纳莫雷米动物保护区仅占奥卡万戈三角洲的20%左右，位于奥卡万戈三角洲中心地带。

奥卡万戈湿地具有最丰富的生物多样性，有各种各样的野生动物，有哺乳动物：河马、羚羊、水獭、斑马、狒狒、长颈鹿、野牛、河狸、狮子、美洲豹、猎豹、土狼、鬣狗、胡狼、非洲野狗、大象和水牛等动物；爬行动物：鳄鱼。鱼类资源丰富，如虎鱼等，在奥卡万戈水域的鱼类据估计约有80种，总数达到350万尾。也有多种鸟类，但仅是动物多样性的一部分，因此，主要禽类栖息地仅为湿地的一种类型。包括鱼鹰、翠鸟、非洲鱼鹰和孔雀蓝翠鸟。

3. 奥卡万戈生态系统的演化

奥卡万戈河是纳米比亚的主要河流，全长1600多公里，流域面积80万km^2，河口流量250m^3/s，年径流量约为75亿m^3，每年挟带着超过200万t的泥沙灌入三角洲，不断形成新的湿地，所以不但奥卡万戈湿地生态史值得研究，更重要的是它正是湿地演化的活的模型。

4. 笔者对世界自然与文化遗产委员会遴选奥卡万戈湿地评价的评论

2014年根据世界自然遗产遴选依据标准，奥卡万戈三角洲被联合国教科文组织世界遗产委员会批准作为自然遗产列入《世界遗产名录》。奥卡万戈湿地是世界遗产委员会批准的第1000项世界遗产。中选时间之迟，位次之后，说明国际科学界对湿地重要性缺乏认识。

笔者曾任世界自然与文化遗产中国委员，在评审会议上，多次发表科学的精彩评语，尤其是在讨论中国承德避暑山庄的会议上，从中外历史阐明了它对世界文化的价值，语惊四座，挽救了由于西方专家对中国历史不了解造成的危局。事后河北省政府专门邀笔者去承德避暑山庄考察。

到水利部工作后，不仅持续检查承德避暑山庄的遗产保护情况，而且为承德生态修复、环境保护和产业转型做了一系列实事。这才是世界自然遗产评选和保护的真正目的，为世界自然遗产评选做出了“中国榜样”。

遴选奥卡万戈湿地，是评审层次不如当年的典型例子。笔者根据以往经验，对世界自然与文化遗产委员会遴选奥卡万戈湿地的工作做出了评价。

（1）“永久清澈的水域和溶解的营养物质将原本干燥的卡拉哈里沙漠栖息地变成了一幅罕见的美丽风景，并维持了一个具有显著栖息地和物种多样性的生态系统，从而保持其生态复原力和新湿地形成的自然现象。每年的洪水通过湿地系统，使生态系统重新焕发活力。奥卡万戈湿地世界遗产展示了干旱地区充满活力的湿地和冬季洪水引发的巨大的沙地、干地和棕色洼地的地质转变。”

笔者评价：缺乏科学性的评价说明对湿地“干干湿湿”的特质缺乏认识。

（2）“奥卡万戈三角洲世界遗产是气候、地理形态、水文和生物过程复杂性、相互依赖性和相互作用的杰出例子。岛屿、河道、河岸、泛滥平原、牛轭湖和泻湖等地貌特征的不断变化反过来影响三角洲的非生物和生物动态，包括旱地草原和林地生境。该遗产体现了与洪水泛滥、河道化、营养循环以及相关的繁殖、生长、迁移、定植和植物演替等生物过程相关的一系列生态过程。这些生态过程为比较其他地区类似的和受人类影响的湿地系统提供了一个科学基准，并为了解此类湿地系统的长期演化提供了依据。”

笔者评价：指出了对湿地长期演化的认识，但未受到重视，更未深入研究。

（3）“奥卡万戈三角洲保护着世界上一些最濒危的大型哺乳动物的健壮种群，如猎豹、白犀牛、黑犀牛、野狗和狮子，它们都适应于生活在这个湿地系统中。三角洲的栖息地有1061种植物（134科530属）、89种鱼类、64种爬行动物、482种鸟类和130种哺乳动物。该地区的自然生境多种多样，包括永久和季节性河流和泻湖、永久沼泽、季节性和偶尔被淹没的草地、河岸森林、干燥的落叶林地和岛屿群落。这些生境中的每一个都由一个独特的物种组成，包括所有主要类别的水生生物、爬行动物、鸟类和哺乳动物。奥卡万戈三角洲还被认为是一个重要的鸟类区，有24种全球受威胁的鸟类，其中包括六种秃鹫、南部陆角鹭、观鹤和懒鹭。奥卡万戈三角洲有33种水鸟，数量超过其全球或区域人口的

0.5%。奥卡万戈湿地不仅显示了最丰富的生物多样性，而且急需在国际援助下制定科学的保护规划并争取资金支持，保护这一人类遗产。”

笔者评价：从这一评价刊出，森林、湿地、灌木湿地和草原湿地的分类在许多情况下是不科学的。

（4）世界遗产委员会评价：“博茨瓦纳西北部的这个三角洲包括永久性沼泽地和季节性洪水泛滥的平原。它是极少数几个不流入海洋的主要内陆三角洲系统之一，其湿地系统几乎是完整的。该遗产具有独特特征。

这是气候、水文和生物过程相互作用的一个兼具典型性和独特性的例子。

奥卡万戈湿地也是世界上一些最濒危的大型哺乳动物物种的家园，如猎豹、白犀牛、黑犀牛、非洲野狗和狮子。”

笔者评价：这一评价虽不够系统，但基本是科学的。说明《国际湿地公约》秘书处对这一最典型的湿地缺乏认识。

1.1.4　笔者主持制定指导实施的四个国家级生态修复规划的湿地修复现状

1998年，笔者曾先后主持制定、指导实施《首都水资源可持续利用规划》《黑河流域治理规划》《塔里木河流域综合治理规划》和《黄河水量调配方案》四个规划，而湿地修复是其中的重要组成部分。

《黑河流域治理规划》修复干涸的东居延海湿地，保证了载人航天基地饮用水。2019年黑河流域水面38.5km^2、游客521万人次，所在额济纳旗人均GDP达11.5万元，是18年前的约20倍。黄河新分水方案修复黄河口湿地，使济南泉涌重现，所在东营区2019年人均GDP为8.3万元，是18年前的约8倍，为脱贫做了贡献。其他规划所涉及的区域，也均有很大程度的发展。

现以表格的形式，将各地的发展情况呈现于此（表1–1）。

笔者2001—2005年主持制定并指导实施湿地修复的现状如表1–1所示：

各地湿地发展情况　　表1–1

湿地名称	2019年水面面积（km^2）（在1999年均基本无水面）	所属县域	人口（万）	2019年区域GDP（亿元）	2019年区域人均GDP（万元）
东居延海湿地	38.5	内蒙古自治区额济纳旗	3.2	37.05	11.5
台特玛湖湿地	300	新疆维吾尔自治区若羌县	6.8	58.29	8.6
黄河口湿地	59000	山东省东营区	51.78	431.26	8.3

续表

湿地名称	2019年水面面积（km^2）（在1999年均基本无水面）	所属县域	人口（万）	2019年区域GDP（亿元）	2019年区域人均GDP（万元）
潮河源湿地		河北省丰宁县	41.1	119.57	2.9
桑干河滩湿地	47.2	河北省云州区	19.4	124.56	6.4

注：原均为贫困地区，通过国家支持的产业结构改变、种植结构改变、节水技术使用和旅游产业发展，各地区2019年人均收入均呈多倍增长。

1.2　湿地定义及生态系统修复的基本原理

图1-1　在全国中小城市生态环境建设实验区大会前领导专家探讨水问题

（左起第1人为中国林业科学院原院长江泽慧，第2人为全国人大原副委员长布赫，第3人为自然科学基金委原主任陈洲其院士，第4人为笔者）

图1-2　笔者与世界水协原主席（左起第2人）和秘书长在一起讨论水问题

1.2.1　湿地修复的价值

关系到人类基本生存的淡水、耕地、森林、湿地、草地和矿产六类资源，前4类资源中国的人均占有量只有世界平均水平的28.0%、32.3%、14.3%和32.3%，矿产资源不到世界人均水平的一半，而湿地资源则占世界人均水平的55%，是其中最高的，然而却是被保护和修复最差的。因此，亟待加强保护与着力修复。

自然资源是有价值的，“绿水青山就是金山银山”。社会产品是第一财富，而自然资源就是第二财富，当作为第二财富自然资源过度消减时，就应以作为第一资源的社会财富维系、保护和建设自然生态系统，使二者达到平衡，使生产在新的基础上发展，这样才会可持续发展。

湿地有多种价值：净水、蓄水、防洪抗旱、碳汇、调节气候、保护生物多样性、农副渔业生产和景观等多种。其中，净水、防洪和碳汇是被人们忽略的。

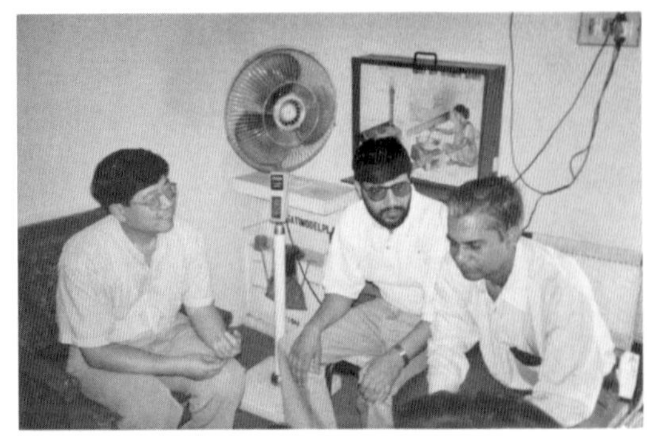

图1-3　作者与印度环境部官员探讨湿地保护排污制沼气的利用方法

人类的资源开发很能说明问题。人类开始认为耕地资源是无限的，不久就因争夺土地发生了战争。欧洲到18世纪还认为森林资源是无限的，但是不到100年就有大批人因为森林资源殆尽远逃美洲。人们曾经认为水资源是无尽的，但是目前世界上已全面发生水危机。人们现在还认为空气资源是无尽的，实际上空气的污染已使空气蜕变为不完全是人们所需要的空气。人们曾经认为阳光资源是无尽的，但是臭氧层的破坏已使强辐射伤害了人类。人们对湿地资源的认识更差，至今强调的是它的景观作用。

1.2.2　湿地是地球三大生态系统之一

湿地是国际公认的三大生态系统之一，人们对森林和海洋生态系统已研究多年，对其系统有较完整和深入的认识，相对而言对湿地生态系统研究较晚，认识较差。

而对湿地的修复要从自然生态系统的整体性出发，特别是从江湖关系的角度出发。首先，许多湿地是由江湖形成的，许多湿地现在还是江湖的一部分；其次，湿地目前还在与江湖进行水量交换和陆水演变；最后，湿地的动植物生态系统与邻近的江湖密切相关。不搞清这些关系，不从源头上查找原因是不可能成功地进行湿地生态修复的。

对湿地的价值必须系统地看待，退耕还湿自然少了耕地，暂时经济利益受到损害，但从长远看得了“金山、银山”。退渔也是一个道理。湿地还有其他一些弊端，比如湿地蚊虫滋生，影响了交通规划，但这些问题都是可以解决的，实践证明利大于弊。据联合国有关部门计算，湿地的经济价值在1.5万美元/hm^2。

1.2.3　湿地生态修复的三个层次修复

湿地大体分为三个层次：一是动植物层；二是水层；三是底泥层，也就是潜育层。拿一棵树比喻，动植物是枝叶，水是干，而潜育层是根。潜育层是湿地特质的根本，正是树大根深，根深叶茂。水则是动植物系统生命的来源。仅植物系统又分浮水植物、挺水植物和沉水植物。湿地特有动物往往被忽视，其实不只是禽类和麋鹿，湿地羚和河狸也是重要的湿地特有动物，尤其是河狸在潜育层造窝，实际是修“水库”大大增加湿地蓄水能力，促进生物繁殖又大大增加了净水能力。人要与湿地动植物和谐相处（图1–4）。

图1–4　笔者在东非大裂谷湿地与坐进驾驶室的狒狒和谐相处

1.2.4　湿地生态修复维系系统的动态平衡

资源的动态平衡观是湿地生态修复中十分重要的观念，首先是水与陆的平衡。中文的“湿地”就是“地”显“水”，究竟该有多少地，显多少水。湿地，尤其是湿地的水是不断变化的，湿地就是干干湿湿，陆水交融，说“湿地干了”是不了解湿地的特性，湿地水位年内年际变化都很大，能见阳光才有利于净水的“主力”挺水和沉水植物的生长。湿地可以干，但根据地区气候条件（主要是湿度和蒸发量），干涸周期在1～3年，连续干旱必须补水。

1.3　湿地生态系统特征

生态系统可以定义为：任何单元，包括给定区域内的所有生物体（群落），它们与自然环境相互作用，从而能量和营养物质的流动形成系统内的营养结构、生物多样性和物质循环；使生产者、消费者、分解者和所在环境在一个相对确定区域的互动系统。

生态系统通过能量（如阳光、风、潮汐）和养分输入（如降雨、洪水）使所有的能量和养分进入系统流动。植物将这些输入转化为动物和微生物可利用的能量和营养形式。湿地植被的建立是成功修复或恢复湿地的主要原因，植物是所有自然生态系统中能量和养分流动的基础。

1.3.1 湿地生态学概念

湿地生态系统是指位于排水良好的高地和深水水生系统之间的生物群落。湿地虽然没有一个公认的生态学定义，但它们的特点是：

（1）有水；

（2）不同于高地（陆地）土壤的独特土壤——潜育层；

（3）适应植物存在的生物床。

水文是建立和维持特定类型湿地植物和湿地过程的最重要的决定因素。淹水深度、淹水持续时间、水位变化的频率和水的流量限制了湿地物种的多样性和组成、初级生产力、有机质积累和输出以及养分循环的分布。但是，土壤水饱和度调节着湿地的大部分生物和化学过程。土壤水的饱和或淹没对湿地生化过程至关重要，因为：

（1）形成氧气扩散障碍，限制了植物呼吸所需的氧气；

（2）在缺氧的情况下，影响养分的有效性；

（3）湿地最重要的解毒作用和毒素离开活体组织的扩散会受到限制。

这些因素严重影响湿地的生态功能。

1.3.2 湿地生态系统界定

生态系统的大小差别很大，边界通常是主观确定的，除寒带以外，一般1000km^{2}以上可以形成独立的生态系统。整个地球表面可以被正确地定义为一个生态巨系统，含义即联合国教科文组织提出的“人与生物圈”和我国提出的“人与自然共同体”，人在其中。但就湿地恢复而言，“湿地生态系统”一词通常是指湿地本身及周围高地，通常不包括范围较大的高地。但是，生态系统不是封闭的系统，因此，如果没有来自生态系统外部的投入，就不能自持。湿地生态系统的能量、水和养分输入主要来自周围环境。了解如何输入对湿地恢复特别重要。一个湿地项目如果不考虑与周围生态系统的交换，无论这些环境是自然的还是人工的，都不可能成功。中国西北一些地区湿地人工栽种的“小老树”就是例子。

1.3.3 湿地生态系统变化

如果对生态系统的输入数量和种类发生变化，湿地生态系统也会发生变化。供水、营养或其他因素的变化对植物物种组成、结构和生产力有直接影响，进而影响生态系统的消费者和分解者。例如，“温室效应”的变化将对目前的湿地生态系统分布和类型产生可怕的影响。又如，湿地的富营养化是由于过量的养分输入湿地，超出了现有系统的利用和捕获能力。因此，富营养化破坏湿地生态系统的特征植物和动物。水文变化也是湿地植被物种和结构变化的主要原因。

图1–5　笔者在肯尼亚东非大裂谷人类博物馆

除了人类对输入的影响外，水供应和气候的自然变化也会影响湿地生态系统。在早期发育阶段，降雨量的年差异对湿地修复和恢复项目的成功尤为重要。例如，在森林湿地，与正常降雨时期相比，生长期的干旱降低了幼苗发育。严重或不可预测的气候条件变化将妨碍移植物的存活。

生态系统随时间变化。自然生态系统的成熟过程被称为"演替"或生态系统发展。生态系统由两种初始条件发展而来：第一种发展通常被称为原生演替，发生在以前从未出现过生态系统的新形成的地区，例如火山流，它最终能够支持多样的成熟森林。在这种情况下，生态系统的发展极其缓慢，土壤逐渐形成，微生物、植物和动物的定居开始是缓慢的，笔者在修复塔里木河下游英苏村生态系统时就遇到这种情况。这是生存条件变化需要时间。矿区地貌上的湿地修复可被认为是原生演替。但是，不少生态系统通常是在严重到使生态系统退化到早期发展阶段或必须重新发展的扰动之后发展起来的。第二种类型的生态系统发展称为次生演替。次生演替的一个例子是退耕还林多年后森林的发展。在这种情况下，生态系统的发展更加迅速。能够支持植物生长的土壤早已形成。原生植物和动物的种类会随着时间而恢复。例如，在原生演替中，一年生草本植物和禾本科植物在第一年能很快恢复。

不受现场条件变化和不同的物种竞争干扰的植物生长。灌木可能在早期和中期发育阶段占优势。树木在演替早期开始在某个地点成林，但直到演替中至后期才在结构上主导这个区域。在树冠下，不同的耐阴灌木可能会随之发展。最终，随着新物种引入的减少，原生植物自我更新，物种组成逐渐稳定，系统处于相对稳定的状态。大多数湿地恢复可以认为与次生演替有关，因为项目建立的条件保留了一些退化湿地系统的组成部分。

扰动是生态系统动力学中常见的，当系统向稳定状态发展时，会发生不同类型和强度的干扰，从而改变植被的发育过程。干扰会通过以下方式影响群落中植物种群的类型和结构：

（1）通过消除繁殖体来改变物种群（包括种子和营养繁殖体）。

（2）造成某些物种的种子萌发或营养生长的恶劣条件，为其他物种创造更好的条件。如中国某些湿地引入的欧洲黑杨就压抑了本地物种。

（3）通过移除不成功的引入植被，减少对可用资源的竞争。

（4）改变生长条件，改变物种的生存、生长和繁殖率，从而改变物种的优势地位、组成和结构，发展对湿地系统有利的物种。

受到低强度干扰的生态系统经常具有适应这些条件的特有物种组合。如果群落成熟，经过低强度干扰后物种更替较少，物种补足保持相对稳定的状态。干扰的发生可以减少在没有干扰的情况下入侵的物种之间的竞争，有时是有利的。

高强度的自然扰动通常比低强度扰动发生的频率低，但具有更大的灾难性。强烈的干扰会破坏所有的植被，使演替推迟到最初的发育阶段。例如，长时间的洪水造成的湿地环境超出了许多湿地物种的耐受阈值，他们最终会死亡，所以必须排水。长期耕作的退耕农田清除了所有自然植被后，要监测演替植物群落随时间的发展和变化，才能恢复原生态系统。

稳定生态系统和准稳定的生态系统将实现生态系统恢复的理想目标。恢复成功的生态系统可描述为：

（1）无需管理就能自我再生的；

（2）能抗新物种入侵；

（3）能够在生产力和死亡率之间保持平衡；

（4）能够保留足够的营养维持自身发展；

（5）由具有复杂相互作用的有机体组成。

建立一个相对稳定的生态系统往往是湿地修复和恢复项目的长远目标。恢复和修复湿地的努力旨在加快湿地生态系统的发展过程，缩短达到预期系统所需的时间。例如，种植

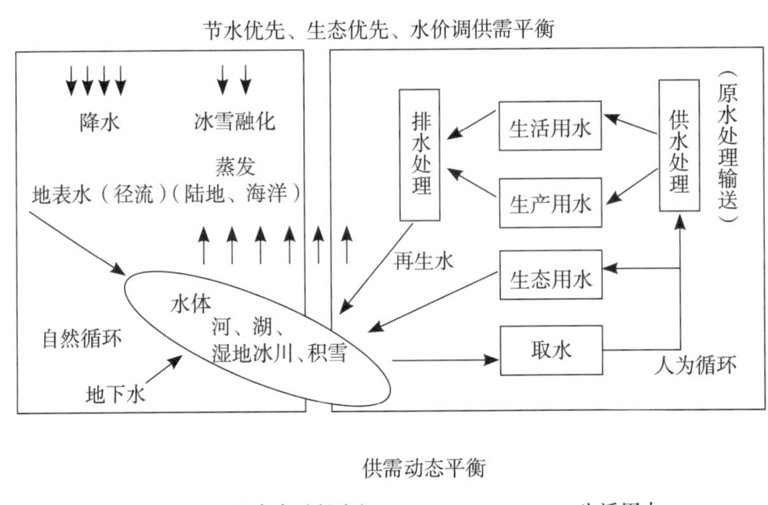

图1-6　自然与人工水的大循环

目标植物物种应该迫使该区域越过最初的定殖阶段，加速目标植物群落的生长。如果目标物种能迅速主导湿地的草和草本植物，这一目标很可能在短时间内实现。但是，如果目标湿地生态系统是一片沼泽，实现目标就很难。在确定项目成功的时间时，湿地项目目标必须为自然湿地生态系统过程的发展留有余地。

1.4　湿地的科学分类与统计

像所有地貌一样，湿地是分多种类型的。但由于定义不明确和不全面，目前湿地的分类无论是国际还是国内都不够科学而且有所交叉，现先一一列出。

1.4.1　湿地的分类

我国和国际上都有湿地的分类，不仅都有不科学之处，也不完全一致，这对湿地面积的统计和生态修复有较大影响。

（1）我国和国际湿地分类的标准。

我国的分类标准基本以国际分类为依据。

根据《湿地分类》GB/T 24708—2009，中国湿地分为自然湿地与人工湿地两个大类（表1-2、表1-3）。

中国湿地分类国家标准　表1-2

级别	分类				
1级	自然湿地				人工湿地
2级	近海与海岸湿地	河流湿地	湖泊湿地	沼泽湿地	人工湿地
3级	浅海水域 潮下水生层 珊瑚礁 岩石海岸 沙石海滩 淤泥质海滩 潮间盐水沼泽 红树林 河口水域 河口三角洲/沙洲/沙岛 海岸性咸水湖 海岸带淡水湖	永久性河流 季节性或间歇性河流 洪泛湿地 喀斯特溶洞湿地	永久性淡水湖 永久性咸水湖 永久性内陆盐湖 季节性淡水湖 季节性咸水湖	苔藓沼泽 草本沼泽 灌丛沼泽 森林沼泽 内陆盐沼 季节性咸水沼泽 沼泽化草甸 地热湿地 淡水泉/绿洲湿地	水库 运河、输水河 淡水养殖场 海水养殖场 农用池塘 灌溉用沟、渠 稻田/冬水田 季节性洪泛农业用地 盐田 采矿挖掘区和塌陷积水区 废水处理场所 城市人工地貌水面和娱乐水面

中国各类湿地面积　表1-3

类别	面积（万hm^2）	占比
近海与近岸湿地	579.59	10.85%
河流湿地	1055.21	19.75%
湖泊湿地	859.38	16.09%
沼泽湿地	2173.29	40.68%
森林沼泽	674.59	12.12%

（2）国际标准上常见湿地分为海洋、海岸湿地和内陆湿地、人工湿地三个大类（表1-4）。

（3）一些湿地的确切叫法：

应该说明所谓“河流湿地”是由河流形成的，现已不是湿地，所以称河流浅滩更为确切，下同：

① 近海与近岸湿地，低潮时水深小于6m；

② 河流湿地，河流浅滩或沟汊湿地；

③ 湖泊湿地，湖泊浅滩湿地；

④ 沼泽湿地，陆水交融。

湿地分类国际标准　表1-4

级别	类别		
1级	海洋和海岸湿地	内陆湿地	人工湿地
2级	永久性浅海水域 海草层 珊瑚礁 岩石性海岸 沙滩、砾石、卵石滩 河口水域 滩涂 潮间带森林湿地 咸水、碱水泻湖 海岸淡水湖 海滨岩溶洞穴水系	永久性内陆三角洲 永久性的河流 时令河 湖泊 时令湖 盐湖 时令盐湖 内陆盐沼 时令碱、咸水盐沼 永久性的淡水草本沼泽、泡沼 泛滥地 草本泥炭地 高山湿地 苔原湿地 灌丛湿地 淡水森林沼泽 森林泥炭地 淡水泉及绿洲 地热湿地 内陆岩溶洞穴水系	水产池塘 水塘 灌溉地 农用泛滥湿地 盐田 蓄水区 采掘区 废水处理场所 运河、排水渠 地下输水系统

沼泽明显区别于湖泊和河流，它不是持久而单一的水体，而是半水半陆过渡而且变化的自然生态系统，其水陆相兼容的特性，使得沼泽湿地的物种与生态系统呈现出异常复杂多样的特点。通常将沼泽分为森林沼泽、灌丛沼泽、草木沼泽、藓类沼泽、沼泽化草甸及内陆盐沼等6类。

其中河流湿地叫河滩湿地，湖泊湿地叫湖泊滨湿地更为确切，才不致引起混淆。

⑤ 人工湿地

人工湿地在我国起着重要作用。目前，人工湿地系统已广泛应用于湖泊、河流、沼泽等其他湿地类型的生态系统修复中，但也存在诸多值得深入考虑的问题。人工湿地的构建与运行要充分考虑所涉科学规划与设计、污染净化作用机理、污水预处理的重要性、潜育层堵塞、寒冷地区越冬与运行等5个问题。利用人工湿地生态系统可以实现对湖泊生态系统的修复，但在引用时需要多方论证，进行生态风险控制，避免外来生物入侵。

我国以水稻田为主，加上水库和农民自挖池塘等人工湿地，总面积达50万km^2左右。

如果把水稻田、水库和水塘都算成人工湿地，湿地总面积并没有减少，关键在于这些人工湿地能否起到被毁湿地的生态作用。就总体而言，水稻地水太浅，而且一年中有多半年无水，基本上不具备完全的湿地生态功能。

关于水库，山谷水库是人工湖，不是湿地；平原水库虽能起到一定的生态作用，但由于降水、地形、地质结构和周围大生态系统而自然形成的湿地有很大差异，不但总体生态功能较低，而且生态功能与相应水量之比更低。

所以人工湿地可以分为以下几类：

a. 池塘：大于10hm^2的池塘和水坑，如果面积太小，构不成生态系统，因此，也谈不到有多大的生态功能。

b. 净水人工湿地（$>10hm^2$）：

净水湿地实际是污水处理厂，或其一部分，承担净化城市饮用水源的作用，如江苏淮安的盐龙湖人工湿地。

c. 物种保护人工湿地（有水面积$>20hm^2$）：

以物种保护为目的的人工湿地，有水部分要有一定总面积才起作用。

d. 城市地貌人工湿地（$>0.5\sim2hm^2$）：

城市地貌人工湿地目的是起改善城市地貌作用，但不是在洼地放一片水就是人工湿地。

一是要有一定面积，如修复原有湿地应大于0.5hm^2，如新建人工湿地应大于2hm^2才具有生态功能。

e. 海洋滩涂人工湿地：

滩涂人工湿地应尽量少建，如建应遵循生态规律，不能破坏原生态系统。主要是不能围垦破坏海岸自然滩涂湿地。

1.4.2 笔者对西方湿地分类的评价

西方国家在20世纪80年代对湿地基本修复，此后疏于深入研究。此外，当时生态科学处于初级阶段，对湿地的认识在不少方面是不科学的。仅以较权威的维基百科（美国2021年7月31日版本）为例，做一些问题的分析。

维基百科："湿地基本分五大类型：沼泽湿地、近海及海岸湿地、河流湿地、湖泊湿地、库塘。沼泽湿地是最典型的湿地类型，随着对湿地更广泛的认知，许多含水区域也被归类为湿地。"

首先，在湿地的分类上有问题，无论何种形成原因，湿地均有同样的湿地特性，不应以成因分类，如河滩湿地和湖滨湿地等。

近海湿地与海岸湿地特性并无不同，应统称为"滩涂湿地"。库塘和"稻田"应称为"人工湿地"。分成这三大类，较维基的分类也更适用。

从湿地科学上讲，中国古有的"沼泽"的概念就是"湿地"（笔者1988年在我国首译"wetland"为湿地），"河流湿地"应为河滩湿地，"湖泊湿地"应为"湖滨湿地"，它们的属性已与"河流"和"湖泊"不同，而与"沼泽"相同，因此都是"湿地"。

森林就是乔、冠、草和枯枝落叶层（可演化为泥炭）构成的生态系统。维基百科分成"森林沼泽""灌木沼泽"和"草沼"，在许多情况下不切实际，难以区分，无法准确计算湿地面积，应作为森林湿地统一计算面积。这样就造成了目前各国湿地面积计算不统一，全球湿地面积也没有一个公认的面积数量。

稻田、浅水库、水库的浅水部分和农林的小坑塘都具有湿地的特性，是人工湿地。在亚洲，尤其是在面积很大的中国湿地，而国际湿地面积均无准确的统计，这对湿地的科学研究和充分发挥湿地的一系列生态功能有很大的影响。

1.4.3 解决"卡脖子"技术问题

习近平总书记针对我国基础研究的问题指出："我国面临的很多'卡脖子'技术问题，根子是基础理论研究跟不上，源头和底层的东西没有搞清楚。"这一论断对湿地十分贴切，湿地主要是"源头"和"底层"的问题。

（1）湿地水文分类

湿地的主要特征是地貌环境、水源和水动力。从水文学看，湿地可划分为：河流湿地、湖泊湿地、洼地湿地、斜坡湿地和广阔泥炭地。这种分类确认了水文和地貌之间的相互关系，气候决定了湿地功能。水文地貌（HGM）方法可以识别一个区域内的湿地亚类，并可以根据水源、土壤和植被等因素进行评估。

HGM方法根据洪水地貌的水动力学特征，对湿地设置进行了若干分类。地质/地貌环境与区域气候状况之间的水文相互作用具有共性的关键要素。重要的控制因素，如地形形态、盆地地形、基底类型、地貌过程和水期长度，可从湿地亚类评估中确定河岸、边缘和洼地环境的相似性。坡面湿地和沼泽在创造随时间演变的生态环境或水文来源。流动水流的能量，特别是在河岸和湖边环境中，决定了水流对湿地的大小和方向以及水周期的影响。高梯度水流在湿地中的停留时间较短，主要是由于河谷陡坡或天文潮汐的影响。

① 河滩湿地

白洋淀按水文分类属河边湿地，将河流湿地划分为高能量、中能量和低能量三种主要环境。河流漫滩设置以河道坡度、沉积分布和河流地貌为主要能量要素，通过漫滩进行单向配水。

a. 高能冲积平原

高能量漫滩具有陡峭的河谷坡度（<0.02 ~ >0.10）和极低至极高输沙通道。高能量漫滩发生在侵蚀和下切的狭窄河道内；典型地，山谷是V– u形，梯级/水池或河流为主，狭窄的湿地区域仅限于河道。这些溪流的河道形态相对较直，或略微弯曲。这些河流通常有深挖到中等深挖的河道，低到中等弯度，低到中等宽深比。它有非常宽的泛滥平原，有多个交错的河道，能够进行大的横向调整。辫状河通常会产生不稳定的过程，侵蚀河岸，并携带从鹅卵石到沙粒的很高的沉积物。

b. 温和的能量冲积平原

中能量漫滩具有<0.001 ~ 0.039的河谷梯度和极低至极高输沙通道。中等能量的洪泛平原在界定明确、宽阔的冲积洪泛平原内，通常表现为曲曲折折、点坝、河滩/池的河道形态。白洋淀属于这种类型。这种类型有一个深沟形式，通常发现在狭窄的山谷，或在冲积地貌，如扇形、三角洲，或发育良好的泛滥平原深切割，这形成了白洋淀的3600多条沟沟汊汊。中等能量洪泛平原在蜿蜒、宽阔的冲积河谷中具有中等梯度范围，能够将风化良好的不同粒径泥沙冲积物分布到不同的冲积环境中。

c. 低能量冲积平原

低能漫滩具有<0.005 ~ 0.039的河谷梯度和极低至中等输沙渠道。低能量漫滩具有各种稳定的、植被良好的湿地，包括吻合的、非常高的宽深比沟道和高度弯曲的但非常低的宽深比沟道。这些轻微深挖到深挖的河流存在于宽阔、低坡度、无限制的冲积河谷中，其河床在基岩或巨石基底中没有。低能量漫滩由于植被控制作用强，对漫滩洪水具有很强的消

能能力。

② 湖滨湿地

湖滨湿地又称边缘湿地，可分为四个主要环境：内陆湖泊、水库和水塘、中潮海、微潮海和微潮海/河流。潮差是中潮和微潮环境能量要素差异的关键。河滩环境的另一个重要区别是相对盐度对河口环境的影响。必须评估潮汐能量和盐度的影响，以确定湿地特征。

内陆湖泊、水库处于低潮时水深大于2m的深水环境，位于面积大于$8hm^2$的地形盆地或拦水坝河道内。水位可以像水库那样人为调节，可以通过进口或出口输送水，也可以进行水文隔离。内陆咸水湖属于这种类型。

③ 洼地

洼地分为三种环境，这些湿地包括草原坑洼、喀斯特和风成盆地，最易于修复和恢复，也最应恢复。这些湿地在地理范围和分布上都有一定的局限性。洼地湿地受水文隔离区内垂直、水平的水分布影响，使湿地具有独特的水化学性质。在浅水环境中，可利用地质和地貌环境来预测洼地湿地可以发挥的功能。

a. 草原凹坑

草原坑穴是在冰川地形中形成的小盆地，其主要水文输入来自降水和地下水。在我国内蒙古地区有大量这种类型的湿地，蒙语为“淖尔”，是成吉思汗大军西征的主要水源，笔者曾做过详细考察。这些小流域的水文周期受地质潜育层和气候趋势的控制，这些气候趋势决定了从短暂水位到永久水位的淹没时间。潜育层的类型和地下水的水化学相互作用影响湿地植被。草原上的凹坑，可以很容易地在一个重要的水生和野生动物栖息地区域重建，并为地下水补给、沉积物稳定和许多自然盆地的养分转化提供机会，这就是成吉思汗及其后代在两千年内间断西征的原因。

b. 喀斯特湿地

岩溶地区是一种地貌类型，其特征是灰岩、白云岩或石膏潜育层的溶蚀，形成天坑、洞穴和地下排水。在基于HGM的分类中，“Dolines”和“Uvalas”是岩溶湿地的亚群。这些封闭的洼地的范围从具有陡峭轮廓的简单天坑到相互连通的盆地，但在水文上与河岸或边缘环境是隔离的。降水是这些湿地的主要水源，在强降雨期间，极易渗透到地下蓄水层，变成间歇性的池塘和湖泊。岩溶地区为加强地下水补给和环境/多样性提供了许多机会，但由于调节水周期的问题，在实际造坑过程中可能会遇到困难。

c. 风成盆地

风成盆地由两种类型的盆地组成，它们来源于地表洼地中能够聚集水的地方，主要是南部高平原（德克萨斯州和新墨西哥）的干洼地和内布拉斯加州沙丘中的折流盆地。这些盆地具有不同的形态，形成于不同的地貌过程。盐湖盆地是由于碳酸盐在土壤中溶解和向下运动而形成的地质构造的地表线状体。在干化和暴露的盐湖底，风侵蚀进一步扩大盆地。风蚀盆地是在过去的干旱条件下形成的，由风向良好、平行排列的沙丘围合而成。在潮湿的气候条件下，吹蚀盆地演变为沙丘之间的小湿地。区域地下水位的上升培育了植被，形成了不透水的潜育层。与喀斯特地区一样，创建项目很难调节可预测的水周期，但许多地点存在许多功能恢复的机会。

（2）按地质学的分类

湿地还有另一种分类方法，就是按地质学从“基底”分类，或者说按“底层”分类，这种分类对湿地修复有重要意义，是从科学属性上的基本分类。

从地质学角度来讲，湿地区别于湖泊的主要特征是底层的泥炭或潜育层。根据有无泥炭，把湿地分为泥炭湿地和潜育湿地。湿地按植被特征分草本泥炭层、藓类泥炭层、木本 - 草本泥炭层、木本 - 藓类泥炭层、木本 - 草本 - 藓类泥炭层、草本潜育层和木本 - 草本潜育层。

① 草本泥炭湿地是指由多种苔草、芦苇、蒿草、水木贼、睡菜、沼萎陵菜、甜茅等草本植物组成的泥炭湿地。多分布在湖滨、沟谷、河漫滩以及阶地上的各种洼地中。

② 藓类泥炭湿地是以泥炭藓为主的湿地类型，属典型的贫营养（高位）泥炭湿地。它是泥炭湿地发展到高位湿地阶段时产生的，但也可能直接在矿质土壤上发育。

③ 木本 - 草本泥炭湿地是指以灌丛和草本植物为主的泥炭湿地。主要分布在大小兴安岭和长白山区的河漫滩、缓坡地上，西藏念青唐古拉山南麓冰碛洼地上也有分布。灌丛常以柴桦、油桦为主，散生着长白落叶松或兴安落叶松；草本植物以苔草属为主，其中乌拉苔草、灰脉苔草和羊胡子草等常形成斑丘状草丘。土壤为厚度不大的泥炭土和泥炭沼泽土。

④ 木本 - 藓类泥炭湿地是指木本植物残体和泥炭藓为主的泥炭湿地。

⑤ 木本 - 草本 - 藓类泥炭湿地是指由乔木、灌木、草本植物和藓类组成的泥炭湿地，是寒温带和温带湿润地区森林沼泽湿地的主要类型，广泛分布在大小兴安岭和长白山的缓坡、阶地、宽谷、熔岩台地和沟谷源头上。植物结构具有明显的成层性。乔木为散生的长白落叶松或兴安落叶松；灌丛以越橘、杜香或柴桦为主；草本为多种苔草；藓类为泥炭藓、大金发藓等；苔草常形成点状草丘微地貌。

⑥ 草本潜育湿地是由草本植物组成的无泥炭的湿地，是我国分布最广、最主要的类型。多以单优势群落分布在海滨、湖边、河滩洼地，其中芦苇湿地是分布最广、面积最大的一种。

⑦ 木本 - 草本潜育湿地是指由灌丛和草本植物组成的无泥炭湿地。主要分布在大、小兴安岭和长白山地区。草本植物以苔草属为主，草根层薄，灌木以柴桦、油桦、赤杨、沼柳为主，土壤为腐殖质沼泽土。

1.4.4 根据笔者湿地定义计算“湿地面积”的新概念

对自然生态系统面积的度量是个难题。比如小片树林多大算森林？小草地多大算草原？已经订立了标准，但国际标准都不统一，我们应通过生态系统功能研究制定科学标准，引导国际研究。

湿地面积的计算问题更为严重，因为湿地是干干湿湿，亦陆亦水，而许多大湖如洞庭湖、鄱阳湖和滇池等，湖和湿地连在一起，如何计算面积？现在对湿地面积统计五花八门，应该标准化。

对于第一个问题，笔者给出了标准：湿地面积要按笔者给出的定义统计。

湿地面积按3年水面的平均值计。首先，湿地水面可能每周都在变化，所以要建立实时监测系统。其次，要建立10年平均值的统计。

关于洞庭湖、鄱阳湖和滇池等湖与湿地一体的水域，要认真实地研究测量湿地的面积，不是把一片水域定为“湿地国家公园”就了事了。这对于治污、维系湿地生态系统和充分发挥湿地生态功能都有重要意义。

按目前标准统计：

全世界的湿地约有209万km^2，占陆地总面积的1.4%。

原国家林业局于2004年6月宣布，我国首次进行全国性湿地调查（从1995年开始），调查对象是面积在100hm^2以上的湖泊、沼泽、库塘、近海与海岸湿地，以及河床宽度大于或等于10m、面积大于100hm^2的河流浅滩等。

现存自然或半自然湿地仅占国土面积的3.77%，我国湿地面积仅次于加拿大和俄罗斯，居世界第3位。

中国已列入《国际湿地公约》国际重要湿地名录的湿地有黑龙江扎龙、吉林向海、海南东寨港、青海鸟岛、江西鄱阳湖、湖南洞庭湖、香港米埔等64处，总面积共7326952hm^2。

1.5 中国湿地

全国湿地3848万hm^2（不包括水稻田湿地），其中自然湿地3620万hm^2，包括沼泽湿地1370万hm^2、近海与海岸湿地594万hm^2、河流湿地821万hm^2、湖泊湿地835万hm^2。我国湿地面积仅次于加拿大和俄罗斯，居世界第三位。40%的自然湿地纳入353处保护区，得到较好的保护。

中国湿地分为8个主要区域，即：东北湿地，长江中下游湿地，杭州湾北滨海湿地，杭州湾以南沿海湿地，云贵高原湿地，蒙新干旱、半干旱湿地和青藏高原高寒湿地。

针对中国境内主要湿地分布规律、类型和成因，笔者将中国湿地划分为“三横三纵”的原生态湿地链。第一纵是自渤海至南海的滩涂湿地；第二纵自东北三江平原、额尔古纳河湿地起经辽河湿地、盘锦湿地、白洋淀、衡水湖一直沿着大运河至大运河南端；第三纵在西部，自额济纳旗湿地沿着丝绸之路至青藏高原上的高原湿地直至云南洱海、滇池、抚仙湖湿地。第一横是沿黄河流域湿地；第二横是沿长江流域湿地；第三横是沿珠江流域湿地。

这一分布系统对我国新型城镇化建设、高速铁路的八横八纵，高速公路的五横七纵空间分布有重要意义，使之建于自然生态系统之上，不能破坏湿地，在湿地保护方面有着十分重要和实际意义。

此外，笔者对湿地的蓄水功能做了总结，世界和我国的可利用淡水资源湖泊占主要部分，其他是河流水（可再生）、湿地水、大气水和土壤水，这4类中湿地水占26.8%，是重要的水源。

1.5.1　中国十大湿地

中国十大湿地　　表1–5

排序	湿地名称	面积（km^2）	地理位置
1	官厅水库	47 000	山西、河北和北京
2	扎龙湿地	23 000	黑龙江
3	额尔古纳河湿地	15631	内蒙古
4	巴音布鲁克湿地	6000	新疆
5	黄河三角洲湿地	5400	山东
6	珠江三角洲湿地	4750	广东
7	四川若尔盖湿地	4500	四川
8	辽河三角洲湿地	2100	辽宁
9	三江平原湿地	1530	黑龙江
10	三江源湿地	1027	青海

在这十大湿地中（表1–5），笔者审定过扎龙湿地濒危时的补水规划，也为广州南沙湿地制定过生态修复规划，并以新的《黄河水量调度方案》修复了黄河三角洲湿地。

扎龙湿地位于黑龙江省西部、齐齐哈尔市东南部松嫩平原、乌裕尔河下游湖沼苇草地带，南北长80.6km，东西宽58.0km，总面积2.3万km^2，是我国以鹤类等大型水禽为主的珍稀水禽分布区，是世界上最大的丹顶鹤繁殖地。世界上现有鹤类15种，中国有9种，扎龙有6种；全世界丹顶鹤不足2000只，扎龙有400多只。

额尔古纳湿地位于内蒙古自治区呼伦贝尔大草原额尔古纳市境内，因水肥草美是当年成吉思汗的发祥地，地处大兴安岭西北侧，额尔古纳河东岸，总面积为1.5万km^2，属于额尔古纳河及其支流（根河、得尔布干河、哈乌尔河）的河滩湿地。额尔古纳湿地物种丰富，野生维管束植物有67科227属404种；野生陆生脊椎动物有4纲26目56科268种。笔者详细考察过额尔古纳湿地和三江平原湿地，从九寨沟考察过若尔盖湿地边缘，额尔古纳湿地是中国保持原状态最完好的湿地，但湿地边草场牧草低矮，已不复当年成吉思汗起家时“风吹草低见牛羊”的景象。

巴音布鲁克湿地主要位于新疆维吾尔自治区巴音郭楞蒙古自治州和静县西北的巴音布鲁克区境内，在开都河流域博斯腾湖的上游，总面积为6000km^2，湿地中水源丰富，补给以冰雪溶水为主，部分地区有地下水补给。巴音布鲁克草原共有大小13处泉水、7个湖泊和20条河流。巴音布鲁克的湿地植物近200种，每年有几十万只鸟类到这里度夏和繁衍，各类天鹅的总数占世界的2/5。

黄河三角洲湿地地处黄河入海口，位于山东省东北部的渤海之滨。总面积约5400km^2。黄河三角洲湿地常年积水包括河流、湖泊、河口水域、坑塘、水库、盐池和虾蟹池以及滩涂，占总面积的63%，以滩涂湿地为主；季节性积水湿地芦苇沼泽、其他沼泽、疏林沼泽、灌丛沼泽、湿草甸和水稻田占湿地总面积的37%。由于黄河断流在1998年以前几乎干涸，笔者主持的新《黄河水量调度方案》留下了“生态水”，使该湿地逐步恢复至今已成旅游热地。

四川若尔盖湿地位于青藏高原东北边缘，四川省阿坝藏族羌族自治州若尔盖县境内，湿地占地面积4500km^2，是当年红军长征过的“草地”。湿地动植物种类繁多，物产丰富。分布有黑颈鹤保护区、梅花鹿保护区。栖息着黑颈鹤、白天鹅、藏鸳鸯、白鹳、梅花鹿、小熊猫等大量候鸟和野生动物。若尔盖湿地，是中国第一大高原沼泽湿地，也是世界上面积最大、保存最完好的高原泥炭沼泽，但是近年来填湿种粮使湿地面积大大减小。

珠江三角洲湿地有我国最大的红树林湿地，以红树植物为主体的常绿灌木或乔木组成的潮滩湿地木本生物群落，占地面积2900km^2。主要物种包括草本、藤本红树。它生长于陆地与海洋交界带的滩涂浅滩，是陆地向海洋过渡的特殊生态系统。

辽河三角洲湿地处辽河、大辽河入海口交汇处，地跨辽宁省盘锦市和营口市。占地面积约2100km^2。大芦苇荡全国居首，还有丹顶鹤、黑嘴鸥、斑海豹等众多珍稀动物和鸟类，构成了特殊的湿地生态系统。

三江平原湿地位于黑龙江省，占地面积约1530km²，属低冲积平原沼泽湿地，三江平原由松花江、黑龙江、乌苏里江汇流冲积而成。依地形的微起伏形成湿地景观。湿地生物多样性极为丰富，共有脊椎动物近291种，高等植物近500种。

西溪国家湿地公园位于浙江省杭州市区西部，占地面积约1260km²。湿地内河流总长100多千米，约70%的面积为河港、池塘、湖漾、沼泽等水域。西溪湿地动植物资源丰富，共记录有鸟类126种，春季湿地水鸟最为常见的是池鹭、夜鹭和白鹭等鹭科鸟类，以夜鹭、白鹭、绿翅鸭和黑水鸡等种类最为常见。

1.5.2　官厅水库是中国第一大湿地、世界第五大湿地

官厅水库湿地原是永定河的河成湿地，20世纪50年代以前洪水泛滥时形成大片湿地，据追溯面积达3.0万km²。自1951年为防永定河泛滥修建了官厅水库，成为自然与人工混合湿地，跨山西、河北和北京两省一市，几乎占了永定河全流域面积达4.7万km²，为中国第一、世界第五大湿地。官厅水库湿地不仅对2022年北京冬奥会意义重大，现在北京市提出要在2035年恢复因1997年污染严重不得不退出的北京城市饮用水体系，这对于首都、京津冀地区和国家的水安全都有重大意义（图1–7）。

图1–7　笔者主持制定国务院总理办公会批准的《首都水资源可持续利用规划》开始生态修复的官厅水库

（1）为什么说官厅水库是中国第一、世界第五大湿地

以前从未提过官厅水库湿地是中国第一大湿地，更无人知是世界第五大湿地，现已建立了国家湿地公园，在北京冬奥会时应充分利用、大力宣传。

① 官厅水库修建前，其中心部分历史上就是黑水洼湿地。据修建水库迁村111个和移民5.3万人的数据推算，建成后水库扩大的人工湿地最大不超过1.6km²，所以原有黑水洼湿地面积在3.1万km²以上。

② 官厅水库20世纪60年代、70年代、80年代和90年代来水平均值分别为13.2亿m³、8.31亿m³、4.19亿m³和3.13亿m³，相应的平均水深分别为2.8m、1.77m、0.89m和0.67m，说明年际和年内水位变化之大，有明显的湿地特征。

③ 官厅水库建成了国家湿地公园，面积达1.3万km²，在世界上也名列前茅。动植物种群多是当年原生湿地所有。建成国家公园后，水库湿地的生物多样性显著增加，野生植物增加两倍，由106种增至318种，野生动物由169种增至181种，其中属于国家重点保护动物

的鸟类达31种。原有湿地植物轮叶狐尾藻、金鱼草开始成片生长、扎根。黑鹳、白头鹤、遗鸥、凤头䴙䴘、灰鹤、赤麻鸭、天鹅等野生鸟类的种群数量在不断增加，充分说明“湿地贵在原生态”。这个东亚—澳大利亚候鸟迁徙通道上的重要湿地中转站、越冬地和繁殖区变得日益繁忙。

（2）官厅水库的经济价值

① 真正发挥了湿地的经济价值

湿地公园建设后周围的村民都吃起了“生态饭”。怀来县土木镇黑土洼村的一户村民原来在官厅水库周边的荒滩上开荒种植了70多亩玉米，收入不高，现在流转土地，每亩可得1000元补偿。到项目工地打工，一个月一般可有3000多元的收入，收入增加了1倍。怀来县依托湿地公园，吸收周边村庄劳动力进园务工，参与工程建设、管护运营，使周边村庄人均增收1000元。同时，公园可提供导游、保安、养护、保洁等就业岗位1000多个，帮助更多贫困群众稳定脱贫。

② 2035年使湿地真正变成首都最大的“污水处理厂”

笔者早在2001年就提出从供水安全看，北京不能只有密云水库单一地表饮用水源。北京现在提出要在2035年使官厅水库真正成为北京居民的第二地表饮用水源还有很长的路要走，现湿地国家公园的水质已近Ⅳ类，至少达到Ⅲ类才能进入饮用水体系。

③ 对2022年北京冬奥会来说，官厅水库湿地将提供赛前保障，带来旅游经济收入和各种就业岗位，全面带动区域经济发展。

（3）笔者2000年制定的《21世纪初期（2001—2005）首都水资源可持续利用规划》打下基础

《21世纪初期（2001—2005）首都水资源可持续利用规划》对冀北拨款23亿人民币，采取了一系列措施：

① 在官厅上游地区发展节水灌溉面积98万亩，年可节水1.84亿m^3，解决了湿地缺水问题。

② 在官厅水库上游张家口地区大力调整现状产业结构，发展适宜的高新技术产业，用高技术改造传统产业，实行工业结构调整节水。

③ 大面积植树造林，恢复森林生态系统，涵养水源，留蓄洪水。

这些措施使水质达到Ⅳ类，这些已于2005年完成，不仅为2022年北京冬奥会提供了好条件，而且为官厅水库湿地2035年进入北京居民饮用水体系建立北京第二地表饮用水源打下了基础。

1.5.3 黑河湿地的生态修复

笔者主持制定、指导实施了《黑河流域近期治理规划》，使得黑河下游及尾闾东居延海的生态得到恢复，把吹至北京的沙尘来源变成了旅游区。

（1）黑河及黑河尾闾东居延海情况概述

发源于祁连山的中国第二大内陆河——黑河，尽管年均径流量只有15亿m^3，但哺育了甘肃张掖市和内蒙古额济纳旗两大绿洲，是丝绸之路富饶的河西走廊的最重要支撑，流域范围内有400多万人繁衍生息。

黑河是季节河，由大小20多条径流汇聚而成，水源是祁连冰川。自源头至尾闾，有冰川雪峰，有高原草甸，有堰塞湖泊，有草原沼泽，有河湾滩涂，有人工水库，有尾闾湖泊等，为我国类型最丰富多样的湿地之一。

笔者在张掖市多次调研。湿地面积将近2000km^2。哺育着丰富的生物种群，有各类植物385种，其中国家重点保护野生植物十余种；有各类野生动物209种，其中国家重点保护野生动物28种；珍稀候鸟、水禽种类数量繁多，每年春秋两季，大批候鸟成群结队，来到黑河湿地。更为重要的是，这片绿洲，阻隔了近邻的巴丹吉林沙漠的南移，建立起一道生态屏障，保护西北的生态安全。

黑河的尾闾湖居延海，是一片意义重大的湿地。居延海由东、西居延海和天鹅湖三部分组成，历史上的东、西居延海湿地水量充足，面积达2700多平方公里。20世纪40年代，学者董正钧所著《居延海》这样描述："湖滨密生芦苇，入秋芦花飞舞，宛若柳絮。马牛驼群，随处可遇。鹅翔天际，鸭浮绿波，碧水青天，马嘶雁鸣。"据当地居民向笔者介绍，在20世纪60年代以前，这里还是水草丰美、胡杨遍布，湖面上碧波荡漾，湖畔芦苇丛生，20世纪80年代以后，人口大增，农田扩大，用水剧增，导致了居延海原来的广阔水域已全干涸，只天鹅湖还有积水。湿地中是一片沙地，浮沙成为北京等地的沙尘天气源之一，湿地边只有红柳残枝和枯死的胡杨林，清代驻守边关的黑城，人去堡空，被当地居民称为"鬼城"。

（2）规划实施的效果

笔者主持制定的《黑河流域近期治理规划》，不仅得到专家的高度评价，更经《国务院关于塔里木河流域近期综合治理规划的批复》（国函〔2001〕74号）批准，与《21世纪首都水资源可持续利用规划》和《黄河重新分水方案》一起被时任国务院总理朱镕基批示为："这是一曲绿色的颂歌，值得大书而特书。建议将黑河、黄河、塔里木河调水成功，分别写成报告文学在报上发表。"时任国务院副总理温家宝批示为："黑河分水的成功，黄河在大旱之年实现全年不断流，博斯腾湖两次向塔里木河输水，这些都为河流水量的统一调度和科学管理提供了宝贵的经验"。

规划实施后，经过连续不断地输水，2013年东居延海已实现连续9年不干涸，水域面积维持在36.61～54.93km^2之间，水深为2.11m，水面重现，地下水位升高，动植物系统开始恢复。额济纳绿洲东河地区的地下水位上升了近2m，多年不见的灰雁、黄鸭、白天鹅等候鸟成群结队地回到了故地，东居延海特有的大头鱼重新出现，湖周水草也开始复苏。

林草覆盖度提高，胡杨林得到抢救性保护，面积增加33.4 km^2，而草地和灌木林面积共增加了40多平方公里，沿湖布满绿色的生机，野生动物种类增多，生物多样性增加。有效地缓解了下游局部地区环境恶化、沙漠侵袭的势头，局部地区生态系统得到较大改善。输水后，昔日渺无人烟的沙地又恢复了旧日的东居延海。20世纪90年代，波及北京的沙尘暴源成了旅游重地。2019年旅游人数达到521万人次，已成为热门旅游景区。

1.6　世界湿地

目前，由于对湿地没有明确的定义，尚未看到对世界的湿地进行科学的系统研究和全面的实地考察。有关国际组织所提供资料不全面，且较凌乱。如没认识到亚马孙河滩湿地实际上是世界第一大湿地，中国的官厅水库自然和人工混合湿地是世界第五大湿地，对奥卡万戈湿地对湿地原生态生物多样性意义估计严重不足。但笔者都做了实地考察、论证和研究，对世界湿地研究做了应有的贡献。

全世界的湿地约有209万km^2，占陆地总面积的1.4%。

图1-8　笔者在肯尼亚维多利亚湖滨基苏木湿地赤道标志

1.6.1　世界十大湿地

世界十大湿地见表1-6。

笔者两次实地考察认证的世界第一大湿地是亚马孙热带雨林湿地，本书将专节论述。上述十大湿地中潘塔纳尔湿地、孙德尔本斯湿地、潘帕斯草原湿地、西伯利亚湿地和佛罗里达大沼泽湿地，笔者都实地考察过。

世界十大湿地　　表1-6

排序	湿地名称	面积（km^2）	地理位置
1	亚马孙河热带雨林湿地	大于300000	巴西北部
2	潘塔纳尔湿地	242000	巴西西部
3	孙德尔本斯湿地	120000	印度、孟加拉国恒河三角洲
4	潘帕斯草原湿地	100000	阿根廷中东部
5	官厅水库混合湿地	47000	山西、河北和北京
6	加拿大森林野牛公园湿地	44800	加拿大
7	萨德湿地	30000	非洲南苏丹
8	西伯利亚大湿地	27400	俄罗斯
9	奥卡万戈三角洲湿地	15000	南非博茨瓦纳
10	佛罗里达大沼泽湿地	10000	美国东南部

潘塔纳尔沼泽地是学界目前认为的世界最大的湿地，主要位于巴西西部，部分在玻利维亚和巴拉圭境内，占地面积约24万km^2。潘塔纳尔湿地是天然的水质处理设备，具有强大的沉积和净化作用。流水进入湿地后，各种物质随水流而沉积，成为湿地植物的养料，其中有毒物质被迅速分解。但直至2007年笔者考察时尚未与周边城市的污水处理厂结合运行。

孙德尔本斯湿地是恒河三角洲的一部分，与孟加拉湾相邻，位于印度和孟加拉国边界，占地面积12万km^2，其孟加拉语为“美丽的丛林”。但笔者考察时恒河口地已无丛林。孙德尔本斯湿地动物种群丰富，有35种爬行动物、40多种哺乳动物和270多种鸟类，孟加拉虎种群500多只，已是濒危。

在潘帕斯草原湿地，牧场和湿地交融，蓝天、绿草与碧水交织，笔者有一节专门考察。

萨德湿地是世界上最大的湿地之一，位于非洲东北部苏丹境内，萨德湿地的面积随着季节而变换，占地面积平均为3万km^2，而到了雨季最大可达到13万km^2，水源主要来自于维多利亚大瀑布。在这片由沼泽、河漫滩和雨林构成的湿地，生物多样性丰富，包括数十万候鸟。大型野生动物在湿地中种类和数量突出，包括大象、狮子、豹子、白耳水羚、河马等等。

西伯利亚湿地位于俄罗斯，占地面积约2.7万km^2。这里地势低平，沼泽广布，属亚寒带、寒带大陆性气候。西伯利亚地区河网密布（约有2000多条大小河流），沼泽连片。由于湖边地势低洼，蒸发量小，排水差，因此尽管当地雨量不大，这里仍形成大片湿地。每到夏季，往往数百里汪洋一片，笔者实地考察时，道路泥泞、交通不便，但工业较少，人为污染不严重。

佛罗里达的大沼泽地位于美国佛罗里达州，占地面积1万km^2。从奥基乔比湖延至佛罗里达湾，以浅河流为主，水流缓慢，河流和湿地成为一体。年内水位变化很大，旱季水比较深的地方才不致干涸，湿地特征明显。笔者考察时看到，美国陆军工程兵团在此进行大量湿地修复工程，很有成就。该地区植物种类繁多，栖息着许多候鸟和水生动物，是美国除黄石公园外第二大生物多样性保护地。

此外，湄公河三角洲湿地位于越南的最南端、柬埔寨东南端，又称九龙江平原，是越南最富饶的地方和越南人口最密集的地方，也是东南亚地区最大的平原。这里河网密布，乘一条小舟，徜徉在纵横交错的河渠形成湿地，一望无际的稻田，是人工改造的湿地。由于是世界上人口最密集的湿地，笔者考察时看到排污严重，亟待保护。

1.6.2　世界第一大湿地亚马孙热带雨林湿地实地考察

根据笔者对湿地28年的研究，于2002年和2007年两次对亚马孙河湿地实地考察，根据自己提出的湿地定义确认，世界最大湿地不是巴西的潘塔纳尔湿地，而是亚马孙河流域热带雨林湿地。

图1–9　亚马孙热带雨林

（1）亚马孙河热带雨林湿地是世界最大湿地

国际湿地学不但对湿地的定义没有全面搞清，因此而产生的哪里是世界最大湿地也不正确。目前国际学界和《国际湿地公约》秘书处认为巴西的潘塔纳尔湿地是世界最大湿地。如果说单块湿地，潘塔纳尔湿地的确是世界上最大的湿地，但是从湿地的水文和生物多样性等湿地最主要特征来看，亚马孙河热带雨林湿地才是世界上最大的湿地。正像非洲的维多利亚湖比世界公认的北美五大湖中最大的苏必利尔湖都大，而五大湖仍是国际公认的世界最大的湖一样，五大湖是连通的，湖的最重要特征是地理和水文特征，不能因为连接处狭窄而认为不是一个湖。

这些有什么实际意义呢？对于基础科学——湿地学的研究有着决定性的意义，就像马和驴有非常多的相似之处一样（非洲野驴比马大），对于马和驴还是先要确认再分别研究。

笔记基于32年对106国的湿地研究和对亚马孙雨林湿地的考察，提出了亚马孙湿地尽管分为伊塔奈蒂亚拉（Itacoatiara）、圣塔伦（Santarem）和马拉若（Mararou）（每块均上万平方千米量级）等多块湿地，但水系连通，生物多样性近似，所以是一块湿地。

更主要提出的是，亚马孙河及其主要支流两岸的洪泛区达几十万平方千米，每年有6个月以上的积水；从水文学和生物多样性看，以湿地就是干干湿湿，和湖泊不同不必常年有水的定义，亚马孙河流域湿地洪水期从11月到第2年6月，达8个月之久，动植物种类以湿地为主，无疑是世界最大湿地，需要准确测量。亚马孙河仅干流长6440km，水量充沛，两岸大都是平原，以单边洪泛区为5km计，就有6.4万km^2湿地。而2000km以上的主要支流就有马代拉河（3350km）、茹鲁阿河（3283km）和内格罗河（2253km）等，笔者都实地考察过。

（2）亚马孙河概况

亚马孙河全长6440km，为世界第二长河；流域面积691.5万km^2，该河流共有1.5万条支流，分布在南美洲大片土地上，流域面积几乎大如整个澳大利亚。支流中，7条长逾1600km；最长的是马代拉河，长逾3350km［主要支流有左岸的普图马约河（1609km）、内格罗河（2253km）、右岸的茹鲁阿河（3283km）、普鲁斯河（3211km）、塔帕若斯河（2220km）、欣古河（1820km）等］。约占南美大陆总面积的40%，是世界上流量最大、流域面积最广的河。从秘鲁的乌卡亚利–阿普里马克（Ucayali–Apurimac）水系发源地起，全长约6751km，它最西端的发源地是距太平洋不到160km高耸的安第斯山，入口在大西洋，每年注入大西洋的水量约6.6万亿m^3，相当于世界河流注入大洋总水量的1/6。

河口宽达240km，泛滥期流量每秒达28万m^3，泄水量如此之大，使距岸边160km内的海水变淡。亚马孙河若以马拉尼翁河为源，全长6299km，若以乌卡亚利河为源，全长6436km，超过尼罗河，为世界第一长河，又是世界第一大河。河口多年平均流量17.5万m^3/s，年均径流量6.93万亿m^3，年平均径流深度1200mm，悬移质含沙量为0.22kg/m^3，输沙量为9亿t。丰水年时，中游马瑙斯附近河宽5km，下游宽20km，河口段宽80km，河口呈喇叭形海湾，宽240km。下游河槽平均深为20～50m，最大水深100m，水位年变幅为9m。上游伊基托斯年均流量20420～28200m^3/s。从伊基托斯至入海口，亚马孙河的平均坡度为0.035m/km。

在世界河流中位居第二。亚马孙河每秒钟把11.6万m^3的水注入大西洋，流量比萨伊河约多3倍，比密西西比河多10倍，比尼罗河多60倍，占全球入海河水总流量的20%。水量充沛、水力澎湃，河口淡水冲入大西洋中达160km。

水量终年充沛，河口年平均流量为22万m^3/s，洪水期流量可达28万m^3/s以上，为世界流域面积最广、水量最大的河流。上源地区山高谷深，坡陡流急，平均比降约5.2‰。进入平原后比降微小。

（3）为何认定亚马孙热带雨林湿地是世界最大湿地及其科学、生态和经济价值

认定亚马孙热带雨林湿地是世界最大湿地有如下科学意义：

① 湿地就是陆水交融、干干湿湿的常年或季节性水域

亚马孙热带雨林湿地一季有8个月以上蓄水，因此是湿地，让学界看到了笔者提出并得到共识的湿地定义的最好实例。也证实了中文文化的博大精深，中文的“湿地”是“地”“显”“水”，显水即可，并没有恒定水深的要求。

② 湿地的特征是年际和年内水位变化很大

洪水是季节性的水源而且年际变化很大，这正是湿地支持由浮水植物、沉水植物和挺水植物的湿地特殊植物系统的原因，也是湿地的特征。亚马孙热带雨林湿地年平均水位变化为10.55m，地表水随年份和季节变化从几毫米到2～3m，突显了湿地干干湿湿的这一特征。

③ 湿地的生物多样性的认识

湿地特有的植物种类上万种，昆虫种类达百万种。尤其是蝴蝶，全球自然生态系统概念的首次提出者阿瑟·坦斯利在她的创世书中指出，亚马孙热带雨林湿地蝴蝶翅膀抖动引起的变化就会波及太平洋彼岸亚洲的生态变化。可见她早在20世纪60年代就对湿地高度重视。

湿地的千种特殊鱼类和千种作为越冬繁殖栖息地的禽类已被多种研究文献写出，就不赘述了。

对于依赖湿地的大型脊椎动物的研究则很少，中国和东北亚著名的东北虎，除山林生活外，湿地是它重要的生存和觅食地，湿地锐减是东北虎濒危的重要原因，所以保护东北虎只保护山林是不够的。南美著名的美洲豹情况几乎完全一样。而中国的华南虎几乎绝迹，与中国东南沿海湿地的严重破坏直接相关，属于同种的苏门答腊因为湿地破坏较少而依旧有种群就是证明。

④ 不要使“湿地是地球之肾”变成一句口号

现在，中国的小学课本都有“湿地是地球之肾”，几乎家喻户晓，但是对其科学意义学界也了解不够。经亚马孙热带雨林净化的河水从河口冲入大西洋160km之远，这是大西洋东岸沿巴西一带水质好的主要原因，是对地球自然生态系统的重大贡献。

⑤ 湿地的碳汇及释氧作用

亚马孙热带雨林释放了全球氧气总量的1/10，汇碳总量的1/4，至少有1/3以上来自湿地的贡献，而且就单位面积而言都高于丘陵和山地的热带雨林，值得认真研究，增加释氧和碳汇绝不是只保护森林就能做到的。

以上是亚马孙河湿地巨大的且多是不可替代的生态价值，也就是“绿水青山就是金山银山”，这是一座大“金山”。

⑥ 亚马孙河热带雨林湿地的经济价值

联合国有关组织估算湿地的经济价值在1.5万美元/hm^2，而亚马孙河热带雨林湿地的经济价值肯定高于这个一般值，应由国际合作认真研究。

湿地可以住人，整个湿地养活至少20万居民。

⑦ 国际共识——森林、海洋和湿地是地球三大自然生态系统

国际共识——“森林”“海洋”和“湿地”是地球三大自然生态系统，是有科学道理的，此外还有草原生态系统、河流生态系统、湖泊生态系统、沙漠生态系统、荒漠生态系统、

冰川生态系统、雪山生态系统，在这十大自然生态系统中，湿地列于前三是有科学道理的。

（4）笔者对亚马孙河热带雨林湿地的实地考察

笔者于2002年和2007年以其创立的湿地生态修复理论体系两次对亚马孙河热带雨林湿地做实地科学考察。

① 亚马孙河干流两大源头湿地考察

笔者先乘巴西国家水资源署包租的大船从马瑙斯港口下水，进入亚马孙河的第一大支流——内格罗河。巴西国家水资源署是实力强大的国家水管单位，但并不养船。他们认为一年用不了几次，而要全年保证船舶保养和人员工资，很不经济，所以租船。

内格罗河又称“黑河”，以水黑而得名，下水后看到的确微黑。内格罗河发源于哥伦比亚的安第斯山西麓，从北侧流来，经过的是除了罂粟农和贩毒客外人迹罕至的无人区。流入巴西后更是真正的无人区，以前原始森林保护得很好，因此大水冲刷原始森林的枯枝腐叶入水，分解后成黑色，所以生态系统真是个复杂的问题，这种黑水是生态好呢还是坏呢？当然，水黑大概和土壤含铁也有关。

内格罗河河面宽阔，有3～4km宽，水量浩瀚，年均径流量高达9600亿m^3，恰与我国长江一样。行船在由内格罗河上，天高地远，仿佛驶在大海上一样，丝毫不亚于在长江下游航行的气势。亚马孙河不过是巴西的一条河，内格罗河不过是其一条支流，巴西的水资源之丰富可见一斑。

船驶出内格罗河，就到了与主流苏里曼河的汇合处，苏里曼河俗称“白河”，因水清而得名，它发源于秘鲁的安第斯山西麓，上游地势较高，因此植被情况不如内格罗河，所以枯枝落叶较少，因而水流较清。几百年来上游城镇增多，对原始森林有一定程度的破坏，所以水土流失，水开始变黄，“白河”变成了“黄河”。两河在交汇处形成了黑水白水泾渭分明的奇迹，黑黄分明的界限犬牙交错、延绵不断、随波逐流、时起时伏，达几公里，人人争相在这一自然奇迹前摄影留念。

过了交汇处，作者一行人又返回内格罗河上溯，向世界著名的亚马孙河热带雨林驶去。实际上过马瑙斯的内格罗河两岸就都是热带雨林，不过隔岸观火，看不出所以然。从船上望去，树长在水中，亚马孙河年均水位差10.5m，7月旱季刚开始，所以大树只有少半棵树泡在水里，小树则只有树冠，那灌木就只露个头，好像是水草了。一眼望去层峦叠嶂，正不知多深多浅，越发增添了亚马孙雨林的神秘，激起人们进入探险的强烈欲望。

② 亚马孙湿地原住民

换快艇进入河岔的热带雨林，就看到了原住民印第安人的房子，是木板扎的高脚楼，看来亚马孙河的最高水位比较稳定，原住民积多年的经验对最高水位的预测也相当有把握。木板墙上刷有白粉，估计是防虫的药液，已经大半脱落，墙变成灰色。门前坐着个印第安老人，平静地望着笔者一行人的快艇打扰他宁静的生活。

这里原住民——印第安人的总数约有10余万人，现在有些印第安人也开始脱离原始生活，开始建旅游点，快艇就停靠了一个旅游点。这是一个小商店，也是木板的高脚楼，有点规模，一半卖旅游纪念品，另一半可以喝茶就餐。大部分旅游纪念品是外进的，也有少量自制的，如有鳄鱼牙和野果核做的颈链和手链。商店的主人是一个矮壮的印第安人，他圆脸、双眼皮，脸型和中国人十分相像，和蒙古人差异较大，头发略有点卷，肤色古铜，会讲英语，还和作者热情地打招呼，合影留念。他的家就住在旁边，家中池里养着鳄鱼，小鱼也在池中游弋，无虑也无忧。后来笔者一行人转回时又到过另一边的一家旅游点，情况和这里类似。但他们不会讲英语，也不与客人打招呼，且口不二价。印第安人的制品，弥足珍稀，笔者还是买了他们用鳄鱼牙自制的项链和手链。

③ 罕无人迹的热带雨林湿地

热带雨林湿地的深处，是另一个世界，一个笔者从未到过的世界，它像河北的白洋淀，但比白洋淀面积大得多，大树高得多，丛林密得多，水也深得多，曲折更要多得多，真是林重水复疑无路，森暗荷明又一潭。

向雨林深入驶去，林越来越密，小艇几乎是绕着巨树前进。大木棉树根部呈四棱状，要四人合围才能抱过来，有七八米粗，仿佛这样的力学结构才能支撑它巨大的身躯。大木棉挺立水中，如果不抬头，只见其大，不知其高，一抬头才知道它高达20～30m，不知有没有游客由于惊诧而不慎落入水中。据说木棉树是印第安人的“手机”，如在林中迷了路，用木棒以特殊的节奏敲击树干，就会有人前来救援。

雨林渐疏，又出现了一片露天的水泽，成片的大王莲浮在水面，像千百只圆形的小船，一只大约1m长的鳄鱼，静静地趴在一只直径达3m的大王莲上，一动也不动，仿佛在考验王莲的牢固。

在回程的路上，看到几个小孩自己驾着小船在水中的树上玩耍，女孩抱着树猴，男孩拿着水蛇，那种与自然和谐的情趣，真让人羡慕。但是，这是我们要的生活吗？看来，我们既不要光唱“与自然和谐”的高调，行主宰安排自然之实；也不可能返璞归真，像印第安人一样生活。

离开了神秘的热带雨林。白天的热带雨林，艳阳之下，那密林中的阴森仍阵阵袭来。真不知入夜后，当黑暗笼罩大地，猿猴从树顶降落，水蛇在水面盘旋，秃鹰在树梢飞翔，鳄鱼从水中浮上时，林中又是一种什么景象。那时，这里是动物世界，印第安人呢？他们一定在木板高脚屋中熄灯隐火，等待天明。如果大雨滂沱时如何呢？林风呼啸时又如何呢？笔者进入了热带雨林，而且在巴西主人的热情安排下，达到了旅游者不可能到的深入，但是进入后才体会到，没有在滂沱的大雨中于热带雨林中过夜的人，不算真正进了热带雨林，印第安的原住民才是热带雨林中的英雄，真正的主人。

（5）考察“真正的”国际湿地城市马瑙斯对湿地的影响

笔者于2004年7月7～8日考察了亚马孙河巴西境内的马瑙斯段，马瑙斯段是亚马孙河最典型的河段，马瑙斯也是真正建在湿地之中的城市。我们在马瑙斯乘船上溯下驶考察了支干流约60 km的河段，并进入了河边热带雨林。

马瑙斯城是整个亚马孙河流域最大的城市。我们在晚上抵达马瑙斯，从飞机上看马瑙斯是亚马孙河流域莽莽无人区的一颗明珠，在乌黑一片的大地上，分不出河流、森林和湿地，只有马瑙斯像一颗宝石镶嵌在墨色的地表，十分神秘，是一个奇景。而离开马瑙斯时是白天，从飞机上看得十分清楚，绿成一片的大地，中间有黑水和白水的河流；细看连森林和湿地也分得出来，黑绿的是森林，翠绿的是湿地。只有马瑙斯是这个大自然中的人造物，像小孩用泥土垒的一小片假房子，在自然面前，人的力量是这样渺小。

马瑙斯有140万人口，占巴西亚马孙河流域人口的12%，除去该城，亚马孙河流域仅为1.2人/ km^2，接近特殊自然保护区的标准。因此马瑙斯城的污染对亚马孙河至关重要。巴西亚马孙河流域的总用水量为60亿m^3，废污水处理率仅为5%；由于亚马孙河在枯水期流量也很大，废污水排放远在水生态系统的自净能力1/40的范围之内。

较严重的污染是巴西为了利用邻国委内瑞拉和哥伦比亚的石油，在马瑙斯建了炼油厂，但是，马瑙斯对炼油厂的污水处理、达标排放采取了有力措施，实行了以国家水资源署为主，包括环境部等多个相关部门的互相协作的统一治理，由国家水资源署统一管理，严格监测督察，收到了预期的效果。

1.6.3 尼罗河三角洲湿地和“人类与自然生命共同体”

尼罗河三角洲是由尼罗河干流进入地中海形成的大片湿地。它以开罗为顶点，西至亚历山大港，东到塞德港，面积约2.4万km^2，是世界上最大的三角洲之一。

尼罗河三角洲湿地土地肥沃，水源充足，是古埃及文明的发源地。笔者考察的埃及博物馆、复古画和资料显示，尼罗河更孕育了埃及7000年的灿烂文明，湿地被开垦为农田。公元前5000年，日渐干旱的气候灼烧着三角洲地区丰茂的草原，沙漠取代了草场，游牧部落也不得不聚集到尼罗河沿岸，在此定居、耕种，湿地锐减。

2002年6月，笔者进行了一次沿尼罗河从开罗到阿斯旺大坝的往返考察。笔者沿着曲折的尼罗河行进1200多公里，加上乘汽车进城市、看水坝，往返达2500km，看清了尼罗河沿岸在沙漠和湿地的“斗争”中如何延续人类文明。

开罗的南郊是一望无际的平原，尼罗河从中间穿过。田野里种的是绿油油的小麦和茁壮的玉米，田边村外是小小的柳林、椰枣林、桉树林和棕榈林。7000年前的湿地已被分割成无数个小绿洲和池塘。

田野上的一切生机都来自于水，越远离城市，沟渠越多，有渠的地方绿色就更浓郁，而沟渠的水都来自尼罗河的湿地，埃及人从文明建立之初崇拜的、渴求的、雕刻的、记载的就是它们。在黑夜中也看得见水，尼罗河在泛着粼光。

越向上游走，尼罗河越窄，平均宽度不到100m，河越窄两旁的绿洲也越窄，铁路、公路和村庄都被压缩到不过1km宽的地方。紧贴着河的公路，不分上下行，大约只有10m宽，汽车、毛驴车和自行车竞相驶过；靠着公路是20m宽的铁路和路基，有的路基挨着垃圾堆，有的路基已经挨着小沙丘：路边就是小村庄，小村子不过200m宽；最窄处，黄沙把人类压入了不过600m的生存空间，人们紧紧地抱住尼罗河——这救命的稻草。

突然，前面又豁然开朗，尼罗河宽了，草地宽了，村子也宽了，公路和铁路由于周围的开阔也显得宽了。尼罗河又给了人们更大的生存空间，一望无际的田野，已经见不到黄沙堆；在比较现代化的小城中，出现了红、白等五颜六色的新楼。到了艾赫米姆（Akhmim）城这个具有5000年历史的古埃及重镇。1981年，在这里出土了3200年前的巨石女子雕像，原长11m，据说是拉美西斯二世女儿阿蒙的雕像，是迄今为止埃及最大的妇女雕像，是尼罗河文明的重大发现，人类文明依赖自然，依赖水。

更上游的尼罗河又时宽时窄，在200～900m间伸缩，仿佛天神在拉一根巨大的彩带；尼罗河谷的绿洲也跟着伸缩，在1～20km间变动，好像这支大彩带的影子。两岸的绿洲并不总是相等，有时一边窄到河岸几乎紧邻着沙丘，而另一边一望无际。绿洲大多在东岸，因为古埃及人崇拜太阳，向往东方，在东岸垦殖。低莎草就长在岸边，棕榈树的倒影在人河中，芭蕉和龙舌兰护着河岸。岸边点点灯火，水上静如镜面。为什么不向西岸扩展呢?不住人加点耕地也好。看来古埃及人懂得尼罗河水量是一定的，不能盲目扩张的道理。尼罗河水量是一定的，河谷地下水位就是一定的，可开垦的河谷就也是一定的，宽了东边，就窄了西边。尼罗河文明得以延续至今，说明沿河居民明白如何科学利用尼罗河，并且5000年来一直付诸实践。落日余晖下的尼罗河，静静流淌，其间有多少历史在诉说，又有多少知识等着汲取啊!

过了考姆翁布就到达了1250km长途旅行的终点——阿斯旺，阿斯旺是河面忽宽忽窄，绿洲时大时小的尼罗河在埃及境内的终点。过了阿斯旺就是纳赛尔水库，建著名的阿斯旺大坝和纳赛尔水库曾引起不小的争论，建大坝的利弊已被实践和历史证明，但水库不能无度蓄水也是最重要的人与自然和谐的经验总结。

在尼罗河上著名的阿斯旺水坝修建以后，埃及政府认为有充足的水，做出了一个更为宏大的“水平扩张计划”。这个雄心勃勃的计划要到2020年把埃及的居住区（包括农业区）从目前占国土面积的5%扩大到25%。在撒哈拉沙漠、西奈半岛、尼罗河河谷和尼罗河三角洲等地的漫漫黄沙中都大规模修建湿地以扩大居住区，其中主要在撒哈拉大沙漠埃及部分的西南部，要在浩渺的黄沙中人造一个广阔的茵茵绿洲，计划的确十分诱人。该计划主要是在纳赛尔水库西北再修一个大坝，利用低地再蓄水1200亿m^3（现已有水数百亿立方米）恢复湿地，同时辅以节水和中水回用等措施，以这些水源扩大20万km^2的绿洲。这个计划并不是异想天开，几百年前埃及人口少、农田少、用水少，尼罗河还不断泛滥，这里原就是湿地，并没有“人造”只有“恢复”。这样的计划可行吗？有什么问题呢？

（1）纳赛尔水库蓄水量已达1690亿m^3了，是尼罗河年径流量，也就是全年总水流量850亿m^3的2倍，而我国三峡水库蓄水量不到长江年径流量的1/20。应该说纳赛尔水库产生的生态影响已到临界状态，正常的蓄水和引水一般不应超过河流总水量的20%。在1690亿m^3蓄水的基础上，再加1200亿m^3的蓄水，将达3个半尼罗河的年径流量，即使水库是多年调节、不断积累，从生态学来看也是完全不合理的。

（2）尼罗河是国际河流，而且水量95%来自苏丹和埃塞俄比亚，修如此之大的水库存在与上游国家协商的问题。

（3）新建水库与纳赛尔水库不同，不是上游尼罗河峡谷中的山谷水库，而是平原水库，又在撒哈拉大沙漠之中，蒸发量极大，仿佛火炉上的一个浅砂锅中的一锅底水，能维护多久呢？可以预见，水库效率极低。

（4）埃及法老王国已有6000余年历史，是迄今为止发现的人类最早的古文明，从修建金字塔可以看出，早在6000年前已有极强大的工程和技术力量。但是，根据有记载的历史可以看出，埃及人一直生活在尼罗河谷和三角洲4万～6万km^2（即今天埃及国土的4%～6%）的范围内，只建了一个美利斯水库，开了一片拜哈里耶绿洲。为什么没有大肆“扩张”？应该仔细研究。由于埃及有文化间断的历史，法老王国没有持续发展，像中国的楼兰古国和墨西哥的玛雅帝国一样，在干旱地区盲目扩张居住区，因水源不济最后导致灭亡也可能是原因之一。前车之鉴，不能不借。

（5）在撒哈拉沙漠扩大约15万km^2的新居住区，从水资源量上来看也是不合理的。改造这样大面积的沙漠，按联合国教科文组织的参考标准粗略估算，要在10～20年的时间内，每年耗水上千亿立方米，是埃及全国现用水资源量的2倍，再加上上游苏丹和埃塞俄比亚用水，要用去尼罗河全年平均径流量，可能造成尼罗河断流。由此看来，这个宏大的计划可能是纯理论计算出来的，对现实情况考虑不足。同时，计划也没有考虑全球气候变化，尼罗河枯水时年径流量仅为420亿m^3，如果连续干旱，将无法支付改造沙漠用水，如连续多年，将前功尽弃。

但是，在尼罗河谷、尼罗河三角洲和西奈半岛等三个地区扩大居民区（共约5万km^2）是有根据的。因历史上尼罗河不断泛滥，并在三角洲改道，因此，这些地区只是表土沙化，下层是较肥沃的土壤。我们驱车路过时就看到了表土被翻开后下面黑油油的沃土，对它的改造不需要大量水资源；而且西奈半岛北部降雨量达160mm，提供了维持水源，有可能对沙化土壤实现改造。

以上是笔者当年的观察和分析，20年后的今天证明调查是深入的，分析是正确的。可能对我国水资源的配置还是有些借鉴作用的，现在不是已经有人在组织调研“红旗河”方案吗？应该算算雅鲁藏布江的年径流量，按可调的比例有多少水，再实地参考一下其干流印度恒河流域严重缺水的情况，不要引起国际纠纷。

1.7 国家湿地公园和“人造湿地热”

中国国家湿地公园是指经国家湿地主管部门批准建立的湿地公园。国家公园以国家的行政力量和财力来保护和修复湿地是一种国际上行之有效的办法，我国也开始湿地国家公园的建设。

1.7.1 国家湿地公园

湿地公园是以具有显著或特殊生态、文化、美学和生物多样性价值的湿地景观为主体。国家湿地公园具有一定规模和范围，以保护湿地生态系统完整性、维护湿地生态过程和生态服务功能，并在此基础上以充分发挥湿地的多种功能效益、开展湿地合理利用为宗旨，可供公众游览、休闲或进行科学、文化和教育活动的特定湿地区域。国家湿地公园是自然保护体系的重要组成部分，属社会公益事业。国家鼓励公民、法人和其他组织捐资或者志愿参与国家湿地公园保护和建设工作。截止到2020年3月底，全国共建立国家湿地公园899处（含试点）。

具备下列条件的，可申请设立国家湿地公园：

（1）湿地生态系统在全国或者区域范围内具有典型性；或者湿地区域生态地位重要；或者湿地主体生态功能具有典型示范性；或者湿地生物多样性丰富；或者集中分布有珍贵、濒危的野生生物物种。

（2）具有重要或者特殊科学研究、宣传教育和文化价值。

（3）成为省级湿地公园两年以上（含两年）。

（4）保护管理机构和制度健全。

（5）省级湿地公园总体规划实施良好。

（6）土地权属清晰，相关权利主体同意作为国家湿地公园。

（7）湿地保护、科研监测、科普宣传教育等工作取得显著成效。

笔者建议还应补充以下3条：

（8）应以现有自然湿地为基础，不宜盲目扩大，更应少新建。

（9）建设城市都要"量水而行"，建设"湿地"更应量水而行，国家湿地公园应用充足的自然水源。

（10）建立国家公园贵在保护"湿地原生态"，包括原生动植物系统和潜育层。

1.7.2 "人造湿地热"的问题

自然资源部2020年1月公布了督查结果，2017年以来，全国有1368个城市景观公园、沿河沿湖绿化带、湖泊湿地公园等人造工程未办理审批手续，涉及耕地18.67万亩、永久基本农田5.79万亩，"有的甚至破坏耕地挖田造湖、挖田造河，凭空建设人工水景"。

在宁夏年均降水量仅289mm，蒸发量高达1250mm，但严重缺水的石嘴山市打造星海湖水面20km^2，改变了当地十分脆弱的自然生态水平衡，不缺水比新景观对人民更重要。

就是在长江流域的"丰水"地区，2021年自然资源部点名批评了湖北省荆州市的"楚国八百年"项目为引水破坏耕地575亩。修复历史上的湿地在理论上是对的，但也不能搞大开发破坏当地现有的水平衡和占用耕地，而应根据基础研究做长远规划逐步实施。

为什么说是"人造湿地热"呢?

（1）目前湿地修复缺少理论支撑。

理论上至今沿用联合国教科文组织下属的公约秘书处关于《特别是作为水禽栖息地的国际重要公约》的狭义概念，湿地分类也比较混乱，急需创新定义。在技术上，修复湿地目前主要按土石方工程进行，至今无理论指导的施工手册，更没有不破坏原生态潜育层的精准清淤等技术创新；也没有以系统论为指导，致使治理目标不清、责任不明。

目前对湿地研究不系统，成果分散。湿地学是一门综合水文学、地质学、动植物学、气候学、工程学、海洋学、医学、遥感遥测和系统论等交叉多学科综合基础研究，不能单打一，更不能以偏概全。某些新建湿地按"占地挖坑、抢水放水、乱栽花草、修抽象标志建筑"的模式进行，未能修复湿地净水、防洪抗旱、碳汇、防潮和产出的"地球之肾"功能，在华北和西北等缺水地区还不利节水，破坏脆弱的水平衡。

（2）目前，湿地修复尚未攻克“卡脖子”技术，湿地生态修复的“卡脖子”技术就是“精准清淤”，否则“挖坑式清淤”会破坏湿地存在的基础——潜育层。

（3）在国际合作上也不能盲从

不能盲从不符合我国国情的三类国际组织做的“国际湿地城市”认证，要求湿地面积超过10%，且盲目扩大。欧美日的城市只有市区，如巴黎仅1000km^2，首尔仅600km^2，而我国的哈尔滨仅市辖区就达1万km^2，海口市仅市辖区也达2300km^2，更为重要的是相关国际组织也没有深入的研究和系统的资料。除我国外，国际湿地城市仅集中的法国和韩国均不缺水。

1.7.3 应建立湿地生态修复国家重点实验室

整合现有湿地生态领域的优势研究团队，开展深入的湿地生态系统的基础研究十分必要。要提出像城市绿地面积一样严格的标准和规定，支持地方在国家统一政策指导下的“人工湿地”决策。不能在房地产热后再出现“湿地热”，更不能破坏耕地建“人工湿地”，抢水建“人工湿地”，举债建“人工湿地”。我国已是中度缺水的国家（人均水资源量仅1900m^3），“人工湿地热”对缺水地区来说比房地产热的后果更为严重。要科学地做到绿色发展、权衡利弊、统筹规划，让人民有最需要的获得感。

1.7.4 官厅水库（混合）湿地应为世界第五大湿地

“人工湿地”不是不能建，但是要条件具备、因地制宜、因势利导、造福百姓。

图1-10 官厅水库为湿地提供水源

我国有世界上最成功的人工湿地，就是现居世界第五的官厅水库湿地（图1-10），目前是自然与人工混合湿地，就是在1951年修建官厅水库而扩大的原黑水洼湿地，一度成为北京饮用水源之一，真正起到了湿地净水的作用。后来由于所在地域工业迅速发展污染严重，而退出了北京的饮用水体系。1999年，笔者主持制定指导实施了《21世纪初期（2001—2005）首都水资源可持续利用规划》，由国家投入使官厅水库湿地水从Ⅴ类提升到Ⅳ类。现在北京市又提出实现规划的目标，到2035年恢复官厅水库的饮用水功能，充分发挥湿地（包括人工湿地）的作用。

1.8　国内外实地调研和理论创新的案例

笔者给出了较《国际湿地公约》更全面的湿地定义，如何区别“湖泊”与“湿地”以太湖的全面调研给出了例证。湿地修复“贵在原生态”，以洪泽湖调研给出了例证。如何确定是否建人工湿地（修水库）取得了我国台湾地区学界的共识。对美国西部“宜荒则荒”的政策也印证了不能盲目扩大人工湿地。

1.8.1　太湖生态湿地调研——“湿地”与“湖泊”的区别

2020年10月20日，笔者带领团队，在相关领导的陪同下对太湖进行了调研（图1–11）。

（1）太湖概况

太湖位于长江三角洲的南缘，古称震泽，是地壳变动形成的构造湖，是中国五大淡水湖之一，水域面积为2338.1km^2，有主要进出河流50余条。一部分近岸地区已由人工造田和自然演化成湿地，约700km^2。这些区域有明显的湿地特征：一是水浅；二是年内和年际水位变化都很大；三是水生动植物系统近于湿地。最关键的是潜育层开始形成。

图1–11　水利部太湖局吴文庆局长（左起第1人）陪同笔者（左起第3人）参观太湖模拟实验室

太湖水系由西向东泄泻，平均年出湖径流量为75亿m^3，蓄水量为44亿m^3，水更替率为1.7次/年，自净能力较强。平均水深约1.9m。

（2）太湖近岸的生物种群近于湿地

生物种群是“湿地”与“湖泊”的重要区别之一。太湖近岸水生动植物系统近于湿地。

浮水植物：睡莲、荇菜、雨久花和莼菜。

挺水植物：芦苇、黄菖蒲、泽泻、李氏禾、荷花、灯芯草和慈姑等。

沉水植物：苦草、轮叶黑藻、金鱼藻、菹草、马来眼子菜和龙须眼子菜等。

鱼类：鲢鱼、鲫鱼、短尾鲌、麦穗鱼、鳜鱼、棒花鱼、河蚌和铜锈环棱螺。

鸟类：白鹭、黑水鸡、白眼潜鸭、小鸊鷉、鱼鹰、红头潜鸭、红嘴鸥和苍鹭等。

图1–12　太湖蓝藻治理现场

（3）蓝藻治理技术考察（图1–12）

蓝藻水华是富营养化湿地常见的生态灾害，产生毒素及死亡分解使水体缺氧和破坏正常的食物网威胁到饮用水安全和公众健康，造成较严重的经济损失和社会问题。“打捞上岸、藻水分离”的蓝藻水华灾害应急处置技术和“加压灭活、原位控藻”的蓝藻水华数字控制技术可对蓝藻进行预防、治理和控制，该技术已成功解决了太湖蓝藻大面积暴发所带来的一系列难题。

湿地主要水生植物蓝藻的利弊：

①蓝藻，又称蓝细菌，是地球氧化环境的功臣，是湿地的主要水生植物，被认为是地球上最早出现的光合自养生物——可利用太阳光将二氧化碳还原成有机碳化合物，并释放出自由氧。它帮助地球建立了早期相对稳定的生态系统，为今日较低二氧化碳含量、较高自由氧的大气圈创造了条件，碳汇与固碳能力十分强大，形成了覆盖海洋和陆地的生物圈。另外，许多蓝藻种类还可食用，具有较高的经济价值。其中，盘状螺旋蓝藻具备高蛋白、低脂肪、低胆固醇、低热值等特点，是目前人们食用较多的保健品之一。

②但是随着夏天气温逐渐升高，蓝藻水华暴发频繁。水华发生时，蓝藻在水体表面大量堆积，影响水体景观，也给自来水处理及水源地安全带来严重危害。

③但不少蓝藻同时分泌异味物质或毒素，危害生物与人类健康。

（4）无锡贡湖湾湿地、长广溪国家湿地公园考察（图1-13、图1-14）

笔者一行考察了贡湖湾，是典型的湿地。

无锡贡湖湾湿地位于太湖新城南侧，通太湖，项目占地面积约18.5km^2。太湖贡湖湾湿地共有水生植物75种，其中挺水植物38种，漂浮浮叶植物18种，沉水植物19种。太湖贡湖湾湿地共有鱼类26种，底栖类共61种。太湖贡湖湾湿地共有鸟类107种，多为越冬鸟类栖息地。

贡湖湾与无锡长广溪国家湿地公园连接是太湖的生态廊道，总长10km，占地约

图1-13　笔者（右起第3人）参观贡湖湾湿地展示馆（以湿地植物收集为主）

图1-14　贡湖湿地芦苇

260hm²，其中水面约80hm²。长广溪湿地建设措施：①将河道拓宽，恢复成大水面，增加河道水环境容量，实现长广溪水系南北通畅；②有效拦截并过滤周边村落、道路等地表径流污染水体；③在河道两岸构建砾石滩人工湿地生态系统。通过以上三个措施，扩大了湿地的自净能力，已建成国家公园。

长广溪国家湿地公园建成后极大地削减进入太湖水体的总氮、总磷等污染物的负荷，有效地改善蠡湖与太湖的水质，提高了太湖湿地的生物多样性保护水平。同时，为市民提供了休闲娱乐的场所。

（5）太湖流域管理局流域治理座谈

2020年10月21日上午，笔者率队与太湖流域管理局领导和专家座谈（图1-15、图1-16）。

图1-15 笔者向太湖流域管理局吴浩云副局长及太湖管理局赠书

图1-16 笔者与太湖管理局领导座谈会全景

太湖流域管理局副总工程师杨洪林汇报目前太湖水体水质综合评价为地表Ⅳ类水，治理中的主要难题为太湖蓝藻的治理。目前，太湖水体水质检测发现每1L水中含有蓝藻1.17亿个，蓝藻聚集死亡后，导致水体水质恶化，影响饮水安全。

针对此问题，笔者给予了生态治理的专业建议：

① 蓝藻是太湖原生物种，芦苇也是原生生物种，为什么以前蓝藻污染不严重？应该是芦苇抑制蓝藻生长。笔者指出，从太湖的生态史和社会发展史看，自古有匪。新中国成立前，仅东太湖就有大小邦44个、湖匪1300名、有船300条，全部藏于无边的芦苇荡中。当年解放军在太湖剿匪的困难就可以证明芦苇的面积和茂盛。据2014年调查，芦苇面积仅9.87km²，占总水面积的0.42%，占原有芦苇面积仅约3%，已无法抑制蓝藻生长。建议种植芦苇等原生态植物抑制蓝藻生长，可先做中试。

种芦苇也要及时收割，防止腐烂、造成污染，应有预案，可建芦苇利用产业链，要逐步恢复太湖的原生态动植物体系。

太湖曾经植栽的凤眼莲（水葫芦）净水，已被证明失败，凤眼莲是外来物种，太湖生态系统中，没有抑制其疯长的元素，所以反而造成“水葫芦”污染。

这些都证明了习总书记强调的“湿地贵在原生态”的科学性。

太湖流域管理局副局长吴浩云指出：“吴院士的建议，基于长期实践经验，站得高，看得远，指导专业性强。”

② 利用德林海等科技企业的蓝藻深井处理工艺，控制水体中蓝藻的数量，防止出现大面积水华现象发生，效果很好，但存在蓝藻水处理问题。笔者指出水处理应用成熟技术不是难题，而毒素处理应与有关单位合作，加强研究，从而使蓝藻处理技术成为一种成熟、完善的技术，才是真正的科技创新。

吴局长对笔者的专业指导十分感谢，并给予了高度评价，并表示希望进一步加强与雄安院士工作站的交流合作，太湖流域管理局将通过雄安集团院士工作站积极参与到白洋淀生态治理的工作中。

1.8.2 洪泽湖生态湿地调研——“湿地贵在原生态”

2020年10月19日，笔者带领团队，对洪泽湖区域进行了调研。

（1）洪泽湖概况

洪泽湖地处淮河流域中下游结合处，洪泽湖是经黄河夺淮入海的自然变迁和“蓄清刷黄济运”的人造工程而不断修筑洪泽湖大堤形成的河成湿地，现江苏省已明确认定洪泽湖整体是湿地。洪泽湖沟汊纵横，洲滩遍布，是在成因、纬度和形态上与白洋淀最相似的湿地，东部为洪泽湖大堤。洪泽湖湖底高程为10.31m。

洪泽湖水域面积受泥沙淤积和历年来围垦影响，呈不断缩小趋势。1995年洪泽湖水域面积为1850km^2，2005年仅为1497km^2，削减速度也与白洋淀相近。

① 水文与水质特征

多年平均蓄水面积为1780km^2、库容39.57亿m^3，洪泽湖多年（1954—2003年）平均高程为12.18m，平均水深约1.9m，表现出明显的湿地特征。

洪泽湖多年平均年降水量926.7mm、年水面蒸发量1045.7mm，与白洋淀相近，年入湖径流量约328亿m^3，年出湖径流量约300亿m^3，更替期不到1年，也显示湿地特征。

入湖河流是泥沙主要来源，湖体中部泥沙含量较大，年淤积量为480万m^3，清淤是洪泽湖的重要问题，但必须保护潜育层。

现状洪泽湖水质为Ⅲ～Ⅳ类（《地表水环境质量标准》GB 3838—2002），由于水更替期短，水容量大和防洪较好，水质较白洋淀好。主要污染指标为氨氮、总氮、总磷。湖西部水质较东部稍差。洪泽湖水质变化主要受淮干来水控制，枯水期突发性水污染事故恶化洪泽湖水质。湖体呈轻度~中度富营养状态，在淮干入湖口、近岸湖区呈中度富营养状态，湖心水区呈轻度富营养状态。

② 洪泽湖生物种群

洪泽湖湿地是我国具有代表性的内陆湿地，为物种提供了良好的繁衍、栖息和生长地，生物资源十分丰富。主要种群为浮游植物、水生高等植物、底栖动物、鱼类和鸟类，体现了湿地特征（表1–7）。

洪泽湖生物种群组成　　表1–7

	种群	种类	优势种
植物	浮游植物	8门141属165种	绿藻门、硅藻门、蓝藻门
	水生高等植物	36科61属81种	芦苇、蒲草、菰、莲
动物	浮游动物	35科60属87种	尖顶砂壳虫、圆体砂壳虫、钟形虫、聚缩虫、累枝虫、急游虫和中华似铃壳虫
	底栖动物	51种	软体动物
	鱼类	9目16科50属	鲚鱼、鲫鱼、鲤鱼、银鱼、鳊鱼、鲂鱼、四大家鱼、鳜鱼
	鸟类	15属44科194种	大鸨、白鹳、黑鹳、丹顶鹤

（2）洪泽湖治理退圩还湖、聚泥成岛

调研组对泗阳县洪泽湖退圩还湖工程和洪泽湖重点生态示范区（聚泥成岛）项目也进行了调研（图1–17、图1–18）。

图1–17　笔者（左起第2人）考察泗阳县洪泽湖退圩还湖滨湿地现场

图1–18　退圩还湖滨湿地利用清淤石块护坡

泗阳县退圩还湖工程具有防汛、抗旱功能，产生水资源效益、生态环境效益、民生效益和社会经济效益。目前，洪泽湖退圩还湖工程共清退各类圩区4.9万亩，拆圩、清淤土方量1220万m^3，恢复自由水面31.7km^2，占泗阳县水面18.4%，增加防洪库容2200万m^3。

聚泥成岛是结合洪泽湖的实际情况研究决定的治理项目，该项目较妥善地解决了淤泥出路，建淤泥岛，实现淤泥资源化利用，增加候鸟等迁徙动物和湖泊水生生物的栖息平台，提升洪泽湖文化景观的作用。目前聚泥成岛项目进展顺利，已完成鹭飞岛、鹭居岛、抱墩岛三个岛的修建工作。

（3）与江苏水利厅领导、专家洪泽湖生态修复座谈会

2020年10月19日下午，笔者率调研组在泗阳县人民政府会议室举行洪泽湖生态修复专项座谈会。江苏省水利厅副厅长季红飞，江苏水科院副院长高士佩，洪泽湖管理处郭明珠副主任，宿迁市朱瑞军副秘书长，淮安市水利局、宿迁市水利局、泗阳县人民政府、洪泽区人民政府等负责同志出席了会议（图1–19）。

图1–19　笔者（右起第2人）在季红飞副厅长主持的洪泽湖生态修复座谈会上讲话

淮安市水利局、宿迁市水利局重点汇报了洪泽湖退圩还湖工程和聚泥成岛项目各自的项目进展，完成了总工程量的85%以上，多种原生植物已在该区域再次被发现，同时很多原生鸟类也再次回到该区域，生态治理效果明显。

笔者在听取报告后，讲解了湿地治理与湖泊治理上的区别，认为洪泽湖是湿地，而且是与白洋淀最相似的大湿地（沙家浜也很类似），对洪泽湖的生态治理工作予以肯定。同时也与对方分享了自己在国外考察的湿地治理经验及雄安新区白洋淀生态治理工作的经验。

笔者对泗阳县洪泽湖退圩还湖工程和洪泽湖重点生态示范区（聚泥成岛）项目的顺利进行予以肯定，认为不但减小工程量，而且资源循环利用，淤泥岛值得白洋淀恢复水面借鉴。

笔者对洪泽湖的治理特别提出聚泥成岛多种原生植物被发现，而且原生鸟类再次回归，充分证明“湿地贵在原生态”，要尽可能用恢复自然生态的方式治理湿地，要在湿地治理上创新，让湿地生态修复达到国家最高水平。

针对笔者提出的湿地定义，考察团、太湖管理局和江苏省水利厅相关领导经过讨论一致认为：洪泽湖主要属于湿地。

1.8.3 中国台湾高雄大学美浓湖水库（湿地）建设的争议

科学家的社会责任不仅是科学研究、提出规划和设计工程，也要为社会进行科学宣传，或者叫“科普”，至少对本领域的热点争论问题提出自己的科学见解，笔者不仅在大陆做了，在台湾、香港和澳门地区都做过，反响极好。

高雄县位于台湾西南，旧名“打狗”，或称“打鼓”，过去是高山族西拉雅族所居住的地方。全县面积2792km^2，现有人口111万。笔者于2015年12月到台湾地区讲学时，对高雄市要不要把美浓湿地建成水库做了详尽分析和指导。

笔者先对高雄的水做了较细致的调研。高雄县除旗山至凤山一带为丘陵地外，大多为平原。境内主要河川有高屏溪、二仁溪、老浓溪和楠梓仙溪。高屏溪是台湾仅次于浊水溪的第二大河，河长171km，流域3257km^2，年径流量84.6亿m^3，为黄河的1/6，是台湾水量最大的河流，作为与屏东县的界河从县的最南端入海。此外，还有阿公店、后劲、前镇等独流入海的小溪，河道密布在原野丘陵之间，使县内多风景名胜。澄清湖、月世界、黄蝶翠谷等都是著名的旅游景点。

美浓湖位于高雄县美浓镇东北郊，又称弥浓湖或美湖，是当地的主要水源。经数代先民妥善照顾，将堤防加高，广植草木，现在是一座湿地公园，面积27hm^2，只有北京北海的一半大，四周青山连绵，绿树成林，湖中水波荡漾，澄碧如镜。湖岸绿油油的农田边上处处点缀着竹林和椰林，静悄悄的小村中，散落着红砖青瓦的农家院落。保持着古朴的景色和民俗。

要不要建美浓水库？是一个在高雄乃至台湾地区争论了多年的问题。水库不是不能建，但是要与自然生态和谐地建，要建生态水库，笔者应邀在高雄大学演讲做一个简单的分析。

（1）建美浓水库的利

高雄县一带年降雨量高达2500mm，但是从每年11月到次年4月的半年枯水期中降雨量只有254mm，缺水严重；而高屏溪在丰水季节有足够的水量，因此，修水库以丰补欠是有道理的。

① 美浓以南是高雄县和屏东县的平原地带，在不到2000km^{2}的地区聚居了近300万人口，随着经济的发展，尤其是工业发展，对水的供应提出了越来越多的要求，修建水库蓄水是解决供水的最好办法之一。

② 美浓水库不是凭空而建，原来已有美浓湿地，不过是扩大而已，不会有多大的生态影响。

③ 建美浓水库还可以造出一个人工湖，发展旅游业，改善周围的水环境，使之变成

更宜居的地区。

（2）建美浓水库的弊

建美浓水库也有不少弊端的。

① 高屏溪年输沙量很大，达3500万t之多，在台湾地区仅次于浊水溪而居第二位。修水库以后大大降低输沙能力，会造成大量泥沙在水库、河道和河口沉积，这样不仅会改变河道与河口形态，产生生态影响，而且水库的使用年限也不会很高。

② 水库处人口稠密地区，会造成大量移民，水库移民丧失家园所带来的后果，甚至不是一代人能解决的问题，这在我国和世界上都有先例。

③ 水库将摧毁3个世纪以来形成的美浓文化，许多文物古迹如美浓镇东城门和美浓客家村落等将不复存在。现在有种说法是可以搬迁，这是不对的，以现在的技术，不但小小的村落可以搬迁，埃及金字塔搬迁也不是不可能的。但作为首位联合国教科文组织世界自然与文化遗产委员会的中国委员按国际共识说，不在原址，遗产的意义就不大了。

④ 水库淹没区包括森林地区，即便树木事先被伐掉，其树根和腐殖质层也将成为永久的污染源，使人们至少在很长的时间内不可能得到优质的供水。

（3）建美浓水库的综合分析及问题的解决

建美浓水库需要有一个综合的系统分析。

① 建水库对水环境的改善。建水库的确可以改善周边的水环境，但这不是高雄县和屏东县的高屏溪中游所需要的。这一片地区降雨量很大，我们经过时看到河网密布，流水的水生态效益大大超过静止水，一般可以乘以4的系数；同时，这里距海最远的地方不过45km，因此，这一片地区的水环境已经很好，不需要再改善。

② 建水库对生态系统的影响。人类要生存、要发展，不可能不改变居住地的生态系统，但是，改变是有限度的。这一片地区地少人多，仅以高雄为例，包括高雄市在内，在这一带聚居了200万以上的人口，而面积不过1000km^2，人口密度达1000人/1000km^{2}以上，远远超过了200人/1000km^2 ~ 300人/1000km^{2}的生态适宜人口密度。这么多人对这里的自然生态系统已经有很大的改变，再修水库，又带来更大的改变是不适宜的，后果也是难以预测的。

③ 工农业经济的确要发展，尤其是工业发展后产品附加值高，可以进一步提高这里人们的生活水平。而要发展工业就要用水，就需要增加水源，增加水源就需要修水库，这好像是必然的逻辑，也是多年争论的原因。

（4）解决问题的途径

解决问题的根本办法是经济全球化，是两岸统一的循环经济系统。经济全球化是一个不可抗拒的大趋势，台湾地域狭窄，资源有限，环境容量也有限，要发展经济就要走出去，这是不以任何人的主观意志为转移的，也不是任何人能阻拦得了的。

高雄的经济发展，首先上了大陆，这也是不以人们的主观意志为转移的。因为台湾地区和大陆属于同一海峡近海生态系统，不要说是骨肉同胞，就是从最简单的经济规律来看，这些产业也不可能移向美国的加利福尼亚。

综上所述，美浓水库是否建取决于高雄的经济结构和产业结构的转型（用水的多少），可以扩大湿地建小型水库，但要保证生态施工和水库的生态功能及使用年限。

1.8.4 美国西部“宜荒则荒”“不适人工湿地”实地考察

笔者对美国西部“宜荒则荒”不人工扩大湿地的政策做了实地考察。

亚利桑那州在美国的西南部和墨西哥毗邻的地方。亚利桑那州有近30万km^2的土地，平均每平方千米只有8个人，比自然保护区过渡带的标准还低。在美国，“亚利桑那”几乎就是“荒凉”的同义语。

从洛杉矶乘飞机东行不远就开始进入浩瀚无边的北美大荒漠，亚利桑那州就在美国西南和墨西哥北部的北美大荒漠的中心地带。先映入眼帘的是索尔顿湖（Salton sea），英文原意是“咸海”。实际是一片咸水湿地。

索尔顿湖是一片灰绿色的湿地，由于水很浅，有的地方已呈灰色，无数条小河像弯曲的小灰蛇一样游入索尔顿湖，不少小河已经干涸，像蛇脱了一层皮留在荒漠上。

看到这与19世纪末美国西部大开发前几乎没有多大差别的景象，人们不禁要问，开发了100多年，为什么大部分地区还是这样，以美国的财力和技术，为什么不调水修复湿地，为什么不改造沙漠。美国为什么采取了“宜荒则荒”的西部开发政策，它是不是科学呢？这就是“共搞大保护，不搞大开发”。对生态系统脆弱的地区更要这样。

索尔顿湖边上黑色的山峦之下，有不少小镇，在这里不仅是人，连植被全靠取地下水或引雪山雪水浇灌，地下水丰富是索尔顿湿地所赐，被笔直的道路切成方形的牧场，水源全靠旁边像线一样细的小河，仿佛一阵风就能把它吞噬。小内陆河时隐时现，江河断流在这里是很常见的现象。荒原上长满沙地骆驼刺。骆驼刺是一种极耐旱的灌木，它虽然不成风景，却对固沙起着极大的作用，使风吹不走沙，不会形成不断移动的沙丘来吞没城镇和绿洲。

这里非常像我国的柴达木盆地内的荒漠，但当年因修公路缺燃料，砍了沿线上千米纵深的索索（一种固沙的植物），周围已经形成了沙丘，不断向路边移动，采取这种杀鸡取卵的办法，费千辛万苦修的路不是也要在若干年后被沙埋掉吗？看来最大的问题还不在扩大开发，而在于以什么方式开发？近年在“生态优先”的思想指导下，修复已卓有成效。

100年前，在与我国西北自然状况十分相似的美国西部进行的大开发有很多经验值得我们借鉴：

（1）对于任何一个地区的开发，都要有一个科学的社会经济发展与自然生态相协调的“生态优先”的综合规划，对于缺水等生态系统脆弱地区的规划更为重要。

（2）缺水地区的基础设施建设必须建筑在生态建设、提高生态承载力的基础之上，生态建设是路基的基础，先有生态建设规划，再有基础设施建设规划，两者相互协调，互相补充，融为一体，不能搞成两张皮。

（3）缺水地区的开发应以中心城市为主，量水而行，以水定城，向外辐射，不能盲目扩大，遍地开花，各自为战，急功近利。要先计算包括地下水在内的水资源总量，开发要量水而行。在水资源总量没有增加的情况下，造人工绿洲或盲目扩大绿洲，过度利用维系脆弱生态的地下水，必然会造成另一处自然绿洲或过渡带的覆灭，最终新绿洲也将会被沙海吞没。缺水地区开发的指导原则应是以维护原有自然生态系统为主，“宜林则林，宜灌则灌，宜草则草，宜荒则荒”，对自然湿地一定要保护。

（4）荒漠地区开发更要充分利用生物科学和生态科学知识，要有所创新。例如，美国西部几个州都会从全世界引进适宜的耐旱树、草和灌木种，取得了很好的效果，现在更大力开发转基因耐旱物种。同时，必须进行引进物种生态影响的前期研究，保证不产生负面影响。借鉴这些经验，将使我国的西北部开发比美国1个世纪前的西部开发高一个层次。

任何借鉴都要因地制宜，美国利用胡佛大堤的水库为水源，建设了沙漠中的赌城拉斯维加斯，耗水不多而推动了地方经济，也适应生态承载力，从而保护了生态系统。但是，博彩业给世界和美国带来的社会负面影响呢？还是让国际文化专家去研究吧。

第2章 湿地生态修复施工

在湿地生态修复的理论指导确立和规划［已在《湿地修复规划理论与实践》（中国建筑工业出版社，2018年出版）中详细论述］做出后，就是依法招投标确定中标单位以后施工，施工是湿地生态修复的关键部分，将在本章中详细论述、逐一说明要求。

2.1 白洋淀湿地生态修复

在20世纪都认为科技工业园区是经济行为，而湿地修复是生态行为，是公益性的，不计代价，也不必产生收益。21世纪，习近平总书记提出“绿水青山就是金山银山”的理念后，从理论上改变了这种看法。湿地就是“金山”，它的修复也是经济行为，是绿色经济。

2.1.1 科技工业园区建设的三元参与理论在湿地生态修复中的应用与发展

1990年，笔者任中国驻联合国教科文组织常驻代表团参赞衔副代表。1992年时任国家教委主任李铁映亲笔信举荐本人竞选联合国教科文组织国际官员职位，并任科技部门顾问，主管高技术开发（以科技工业园区为主）和环境（以水资源为主），主抓科技工业园区发展、水生态修复（湿地为主）两大工作。同时，创立了国际公认的科技工业园区三元参与理论，可用于湿地生态修复并有所发展。

1991年，笔者把国际科技工业园区协会（IASP）从一个欧洲地区的联合国教科文B类挂靠组织，提升为A类挂靠的全球性组织，并于1992年在北京组织召开了国际科技工业园区首次真正的世界大会（以前只有欧美），时任科技部部长徐冠华和时任北京市副市长胡昭广任大会两主席，笔者和IASP总干事任副主席。

自20世纪70年代以来，政府、大学和企业三方在科技成果产业化上都存在着许多新问题，而通过一段时间的实践证明，这些问题都难由一方自身解决。正是由于大学科技界、工商企业界和政府三方面产生的变化，促使了科技工业园的产生，笔者提出的三方参与理论成了科技工业园的基本理论。

科技工业园为三方结合提供了一种较好的场地。在这里，政府是协调者，协调其他两方的利益，也调整自己，大学从企业获得经费可以减轻政府的财政压力；企业开发高技术可以增加政府的税收，同时发展地区经济，可以促进社会安定。大学和科技界是技术和人才源，企业是资金的提供者和市场的开拓者。三方在共同利益的基础上相互协作，开发特色产业，促进地区经济发展，这就是三元参与理论的基本点（图2-1）。

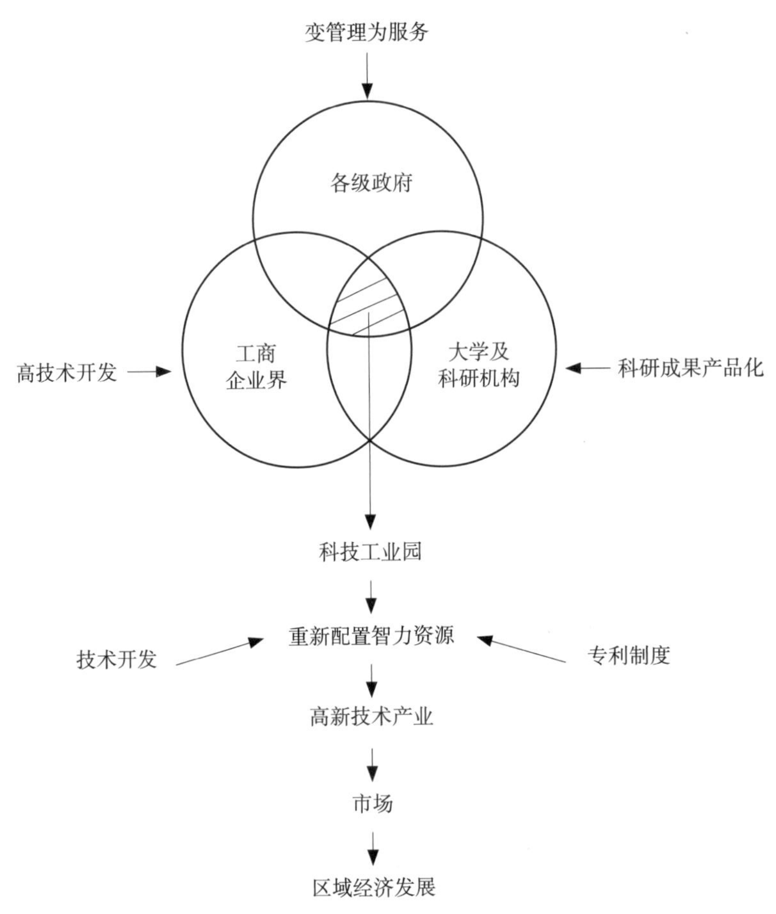

图2-1　科技工业园的三元参与理论示意图

从目前看来，科技工业园对解决科技和经济发展带来的一系列问题起着越来越大的作用。50年来，尽管科技工业园以不同的模式发展，但是由于大学和科技界、企业界和政府的三方参与，形成统一战略，已经取得了满意的成果。一般来说，政府较多地考虑政治形势和社会发展，企业以追求利润为目标，大学和科技界较多地考虑人才培养和出科研成果，这三方的目标既有长期的一致性，也有中期的差异性和近期的矛盾性，把三方的目标变成统一的政策、协调的行动，已经成为科技工业园继续发展的关键。

事后笔者出版专著《21世纪社会的新细胞——科技工业园》（上海科技教育出版社，1995年），中国科学院卢嘉锡院长题写了书名，科技部徐冠华部长作序。北京中关村园区首任主任张福森副市长和原科技部火炬办张景安主任都给予高度评价，西安、武汉和哈尔滨等多个科技工业园区聘笔者为顾问。西安科技工业园区景俊海主任著书引用并赠书。

2.1.2　四元参与理论指导制定的湿地生态修复可行性研究

在习近平总书记对河北雄安新区建设提出“世界眼光、国际标准、中国特色、高点定位”的要求指导下，结合《河北雄安新区总体规划（2018—2035）》《白洋淀生态环境治理和保护规划（2018—2035）》《中共河北省委河北省人民政府关于〈白洋淀生态环境治理和保护规划〉实施意见》《河北省碧水保卫战三年行动计划（2018—2020年）》，白洋淀全面生态修复的可行性研究和取点进行中间实验迫在眉睫，笔者在多年研究的基础上取点藻苲淀湿地是适宜的。

可行性研究指出湿地生态修复工程可按四元参与，即政府、专家、公司和公众的理论基础进行：

（1）政府参与

习近平总书记指出：“我们要认识到，山水林田湖草沙是一个生命共同体，人的命脉在田，田的命脉在水，水的命脉在山，山的命脉在土，土的命脉在树。用途管制和生态修复必须遵循自然规律，如果种树的只管种树、治水的只管治水、护田的单纯护田，很容易顾此失彼，最终造成生态的系统性破坏。由一个部门负责领土范围内所有国土空间用途管制职责，对山水林田湖进行统一保护、统一修复是十分必要的。”这个部门显然是政府部门，政府参与是首位的。

（2）专家的理论指导

湿地生态修复工程是个新事务，这个创新工程必须在笔者创新的湿地理论指导下遵循生态基本原理做的可行性研究指标进行，才能改变大量存在的“占地挖坑，抢水放水、乱栽花草、建抽象标志性建筑物”的错误做法。

①“纯人工生态系统不存在”原理

迄今为止，一定规模的纯人工生态系统（指可持续无外界输入）尚不存在，因此湿地生态修复主要是修复，而不是随心所欲地再造，这是我国不少湿地修复出现的情况，不能重复。生态修复的目标就是把退化系统尽可能恢复到可知的原有状态或退化程度较低的时期。

② 尽管生态退化不可逆，但最大程度修复是可能的

要认识到生态系统是变化且不可逆的，修复退化生态系统，不可能复原。所谓“修复”是指将系统的动态平衡和良性循环恢复到尽可能的原生水平。

③ 生态系统再生原理

生态系统本身有自恢复和再生功能。在藻苲淀生态修复中最为重要的是要修复生态系统的自恢复能力，即“肾功能”。把人工蓄水变成活水，即所谓“流水不腐”，利用湿地的净化能力。

④ 生态承载力原理

生态承载力原理是生态修复的基本原理。不考虑在人口增多和生产发展下用水激增和当地水生态系统的承载力，而主观盲目恢复藻苲淀的原生态，既无必要也无可能，即便存短期效果，也无法可持续良性发展。

⑤ 维系系统动平衡原理

在修复退化生态系统时，最重要的是在过程中持续不断地维系系统的动平衡。如在植树的同时种灌木、种草，抽地下水浇灌时注意地下水回补，在藻苲淀上游水库蓄水时，枯水期至少向下游放40%流量。

⑥ 生物多样性原理

自然生态系统是一个非平衡态超复杂巨系统，它是稳定的。其稳定在于非平衡态和复杂，越复杂的生态系统越稳定，而其复杂性的重要表现就在于物种的多样性。

（3）中标公司要坚持科学目标引领、实际问题导向

湿地生态恢复的总体目标是逐步恢复退化湿地的“原生态”系统的结构和功能，最终达到湿地生态系统的可持续发展状态，藻苲淀湿地生态恢复的基本要求如下：

① 保证湿地“原生态”系统泥炭或潜育层地表基底的稳定性。必须科学测量，创新技术，精准清淤。

② 适当补充湿地水量，湿地就是干干湿湿，要控制水深变化幅度。

③ 恢复湿地特有的动植物生态系统，尤其是沼生植物和越冬候鸟，保护生物多样性，恢复生物群落。

④ 恢复湿地景观，城市湿地要注重与城市建设和谐。

（4）公众参与

生态修复的重要目的是为人民，为当地居民提供宜居环境和生产条件，综合治理是最重要的原则，湿地修复要以陆水交融、清新明亮、蓝绿交织恢复自然生态系统和重现荷塘苇海胜景为目标，以生态修复学和环境保护的基本原理为指导，为当地居民提供宜居环境和生产条件，使之有获得感。

因此，从一开始就要公众参与，修复目标场地选定，公司中标选择和退耕还湿、退渔还湿的一系列补偿政策的制定。一般情况下水文资料只有新中国成立70多年来的记载，要做到“湿地贵在原生态”还要向当地百姓做生态史调研。

湿地生态修复的四元参与理论就是在政府的统一空间规划下充分考虑专家经过严谨科学调查后选址的科学性，通过各部门协调和充分征求当地居民感受予以支持，专家参与保证进行真正公开、公正、公平的竞标和专家团队对中标公司的指导、监督作用。中标公司要在可行性研究的指导下和标书的规定下生态施工，履行职责，虚心接受政府和专家的监督以及意见和建议，全力技术创新，尽可能做到投资风险最小化和效益获得最大化。当地公众要积极向政府和专家提供资料（最重要的是生态史资料），充分发表自己的意见，监督工程的全过程，在支持国家总体布局的前提下有最大的获得感。

2.1.3 《藻苲淀退耕还淀生态湿地恢复工程可行性研究报告》作为施工依据

《藻苲淀退耕还淀生态湿地恢复工程可行性研究报告》不仅是立项的依据，银行贷款的依据，也是施工的法律依据，必须依法、依标书严格执行。

只有当地政府引导并保证才能做到淀水林田草是一个生命有机体，恢复过程中尊重藻苲淀作为湿地的自然条件和特点，要充分考虑当地自然生态系统的承载能力。不能以牺牲生态与环境为代价，求近功图近利。该项目在修复湿地生态系统结构和功能的前提下，充分发挥湿地的生态、社会与经济效益，达到湿地自然资源的永续利用。

经实地考察，虽然当地生态系统和湿地形态破坏十分严重，但藻苲淀还是有可能修复的，但不能一蹴而就，要分期进行，目前进行的是一期。

必须尊重生物多样性，在藻苲淀最重要的就是恢复因湿地萎缩和水体污染几近绝迹的原生物种，如菱角和鳗鱼。

中标公司要在政府的规划和专家的指导下获绿色的经济效益，过程中必须注意以下几点：

（1）坚持因地制宜、合理利用

公司要深刻理解“绿水青山就是金山银山”，生态系统保护与资源合理利用要兼顾，不但在施工中，而且在管理中使公司持续获得收益。合理利用湿地动植物的经济价值和观赏价值，开展湿地休闲、游览和科研等活动，做到“建、管、用”结合。

（2）坚持适度干预、充分利用自然恢复，投入风险最小

退化，尤其是已退化多年的湿地系统的生态修复，这是一项技术系统复杂、时间周期漫长、短期内投资效果不明显的工作。

生态系统修复要遵循最小风险与最大效益原理。最小风险主要在于：

①不超出水生态系统承载能力；

②尽可能恢复退化生态系统原貌，即尽可能减少新增人工部分；

③尽可能少引入外来物种，以免打破生态平衡，且浪费投资。

（3）效益最大化

公司还应尽力做到在最小投资的情况下获得最大效益。特别是在生态旅游的规划方面，应因地制宜适度开发，尽量利用湿地原有的地势、地貌和植被等，适度干预，不进行大拆大建，不建标志性建筑物，既防止对湿地造成新的破坏，又减少投资。要采用适宜技术，不一定都用高技术。

（4）坚持整体规划、统筹兼顾、分步实施

在可行性研究的指导下，要系统地做好整体规划，“一张蓝图干到底”（图2–2）。修复工作要生态、政策、经济与技术兼顾，建立子目标系统，分阶段、分步骤实施。

2.2　湿地修复工程施工规划的现场调查

习近平总书记对湿地修复和恢复工程有明确的指示：“湿地贵在原生态”“湿地是地球之肾，湿地开发要以生态保护为主”“抓湿地等重大生态修复工程时有没有先从生态系统整体性特别是从江湖关系的角度出发，从源头上查找原因，系统设计方案后再实施治理措施”。

湿地的修复就是尽可能恢复原生态，要从生态系统的整体性出发，由于许多湿地都源于江湖，不少至今没有明确的分界，因此，修复的范围要从江湖源头定，水位的保持要依江湖源头定，动植物生态系统也要与江湖源头和谐，然后制定系统的修复方案，实施治理、修复或恢复措施。当然，湿地的修复和恢复必然对当地现有生态系统产生扰动。这个问题可以参考下面的例子处理。

目前国际国内广泛争论的建大坝、修水库就是一个典型的例子。修水库可发电，有经济效益，便于人民饮水浇田，有社会效益，但是一般认为将会造成生态系统效益下降。这个问题的解决就在于能不能遵循“生态规划、生态设计、生态施工、生态运行”的“四生原则”进行修大坝、建生态水库。如果做到了，就有可能取得生产发展、居民饮水和生态修复的三赢。而不应该走要么禁止开发，要么放任开发两个极端。湿地修复要以保护为主，开发也应本着生态工程的原则进行。

生态规划、生态设计、生态施工和生态运行的“四生”是湿地修复工程施工的首要条件，笔者已在《湿地修复规划理论与实践》一书（中国建筑工业出版社，2018年）中详细论述。

了解湿地现场的地形、土壤、水文和植被，以及其他相关信息，如气候、水权和生态

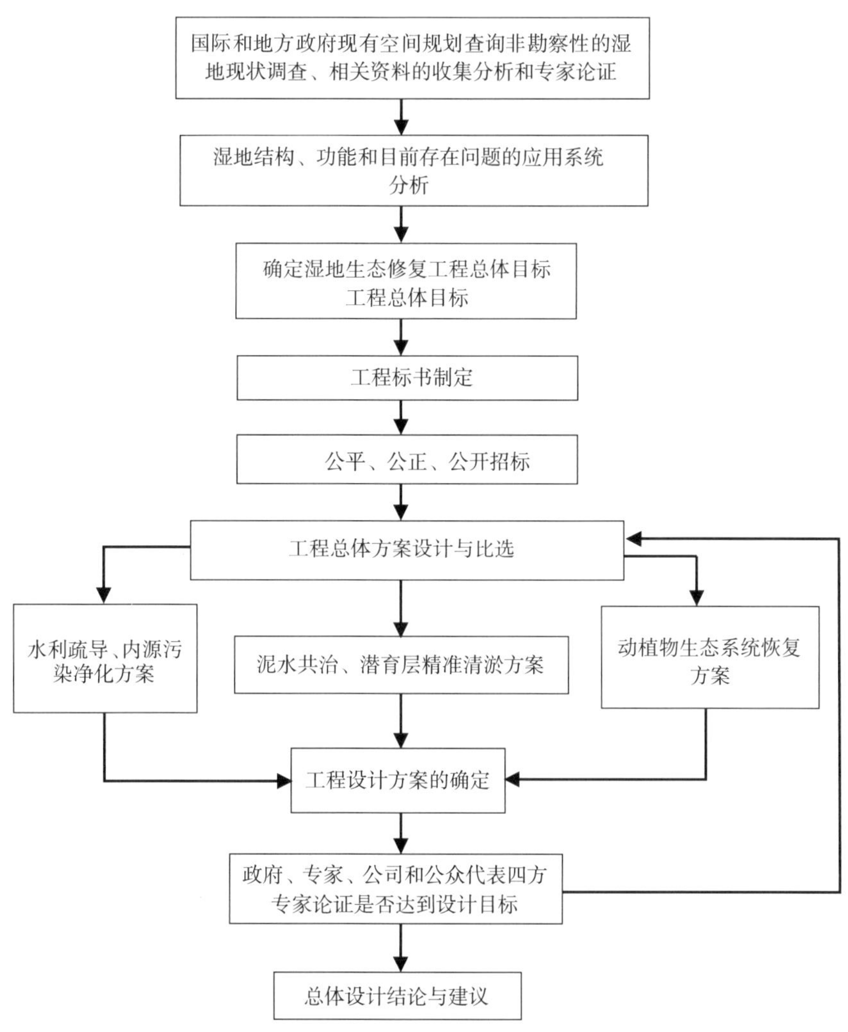

图2-2　可行性研究技术路线示意图

历史，才能做到“四生”。

典型湿地修复或恢复项目中开展现场调查活动的阶段及层次，包括收集现场资料的方法和程序，以及在预估现场调查或数据收集作业的费用。取决于调查过程各个阶段的数据收集，依赖于抽样和测试，因此，在选择抽样计划和处理数据时要遵循生态原则。

2.2.1　综述

现场调查要分段多方位进行。

（1）分层现场调查

现场信息调查决策所需要的信息是一个渐进的过程，从第一次勘察开始，一直持续到项目建设。早期选址和评价的决定依靠文献检索和现场访问收集的信息。影响设计的后期决策可能需要非常详细的数据，这些数据只能在施工监控程序中获得。因此，分阶段或分层进行现场调查最有效。

① 对候选湿地进行勘察。进行初步的现场调查，以筛选候选地址，使之与项目目标相符合。

② 现场基础调查。选定后调查获得设计所需的地形、土壤、水文和植被的现有特征信息，并作为评估项目成功的基准。

③ 详细的地下调查。在具体现场对建筑物和土方工程的土壤进行详细地勘，在有需要时进行额外的地下调查。

（2）对候选湿地进行勘察

湿地调查面积的大小取决于整个项目目标，以直接流域或该流域的某些部分为基础。

筛选调查应首先在该地区的地形、土壤调查、地质、土地利用和所有权图上确定所有候选场址，与地方政府或地方环境部门协商。地点的选择应基于其地理位置、有利的地形、支持湿地的能力以及与项目目标的兼容性。

然后进一步调查场址。包括文献搜索，文献包括已发表的和可能查到的未发表的。

（3）现场基础调查

在勘察的基础上，选择湿地进行设计和施工。在对湿地修复或恢复地点进行分析或设计前，应先进行地点基础调查。选址基础调查有两个目的：

① 确定湿地的现有情况。

② 建立一个基准，用以衡量所有规划的和实际的湿地修改的价值和有效性。这些目标是通过实地观察和测量以及对土壤、水和植被样品的测试来实现的。

（4）湿地现场特性

湿地的四个组成部分，其特性必须根据湿地基础调查获得，包括：现有地形、现有地表土壤、现有水文系统和现有植被。种类的一般概述需要提供的资料如下：

① 地形。以适当比例尺绘制地形图，显示湿地内所有自然和人工地貌的水平位置，包括所有水域的形态。这些地图还以等高线间隔显示高程，因此，可以以合理的精度确定坡度、坡面和水流线。

② 土壤属性。地表土壤，特别是构成土壤的成分，应测试渗透性和肥力、有机含量、盐度、pH值、质地、结构、密度、水分含量、压实度和其他相关属性。

③ 水文系统。需要有关地形、植被及其分布、地表土壤的特征、天气记录和水文记录的信息。为了进行植被分析，必须对土壤进行养分含量、pH值、质地和有机含量的测试。水的浊度、硬度和重金属也应进行测试。

④ 植被。必须确定湿地内各种植物的种类和密度，以及其在地貌上的分布。

详细的地下调查应集中在潜育层。

潜育层来源，开挖区域地下土壤的岩土性质的资料，须进行详细的地下勘探。地下勘探可与现场基础调查同时进行，结构位置已经搞清，位置确定。

2.2.2　项目地形调查

大部分湿地修复或恢复工程都会涉及一些地貌的改造。由于这些改造通常涉及土方工程或地形调整，所以必须确定湿地的现有地形。将现有的地形与最终的总平面图进行比较，可以进行土方计算，并收集有关土壤、水文、植被特征和分布变化的有价值信息。

（1）地图

地形图来源：现有的地形图（包括等高线）主要来自政府有关机构。这些地形图通常比例尺较小，等高线间隔相当大。因此，对了解湿地的全貌最有用，特别是湿地与周围地区的关系。

地形图比例尺的选择通常符合以下条件：

① 所需的或期望的水平和垂直精度；

② 所需的或期望的等高线间距；

③ 获得相对于整个项目成本所需的或期望的精度地形图的成本。

（2）地形图测绘

当现有地形图因比例尺过小或细节不足而不适用时，则必须自行对项目湿地进行地形图测绘。地形图制作包括对地面上若干点的水平位置的精确定位、测量它们的高程，以及在点之间等距等高线的内插。所需点的数量取决于所需或期望的等高线间距和映射区域内典型地面坡度。对于丘陵地形和小等高线间隔，需要很多点。

（3）地理信息系统

地理信息系统（GIS）可提供方便、快速的方法来评估大量场地的地形和条件。地理信息系统已被用于湿地系统的边界识别、湿地分类甚至水质评价。虽然地理信息系统有许多优点，但它们受到电子制图数据可用性、获取数据相关的费用以及需要相当长的时间限制。但是，同许多其他技术进步一样，它们的费用继续下降，而其数据的提供继续增加。

2.2.3　项目土壤调查

地表和地下土壤是湿地的重要组成部分。它们为湿地生态系统提供了多种服务，如作为植物生长的生物介质，作为支持无脊椎动物和微生物种群的生物床，并提供保水结构。在湿地恢复或创建设计过程开始之前要对土壤剖面表征测量，了解对所需湿地功能很重要的土壤特性。因此，土壤调查是设计人员对湿地进行规划设计的基准。

任何地下土壤调查的目的都有项目资金和时间限制，尽可能对影响项目设计和施工的地表土壤的位置和特征进行最完整、最准确的估计。

（1）土壤调查阶段

工程土壤调查的3个阶段：

① 候选湿地的土壤剖面；

② 选定湿地的植物生长的土壤基础调查；

③ 详细地质工程勘察。

（2）湿地土壤对植物生长有显著影响的土壤剖面特性

（3）土壤分类系统

（4）土壤勘探和取样

（5）湿地土壤属性的试验

（6）湿地地下详细调查，重点在潜育层

（7）对候选湿地进行勘察

在任何项目的第一阶段，都要进行初步的湿地评估，以符合湿地项目的目标。研究该地区的地形图，以确定对土壤调查有重要意义的因素，研究包括现有的资料、地质文献、当地土壤（自然资源）保护服务机构土壤调查、项目区以前的地质和岩土研究记录，政府机构和专业人员在项目区土壤方面的个人经验。

（8）土壤基础调查

对场地土壤进行详细调查，以确定它们是否可以发展成所需的潜育层。如果没有，则寻找可在现场移动的合适土壤的替代来源。否则就要寻找衬底材料的异地来源。这主要针对干涸已久的原生态湿地而言。

在一定气候条件下长期形成的植物性土壤，在广大地区发展出相当一致的特性。潮湿气候下成熟、发育良好的土壤通常表现出明显的土壤剖面。

2.2.4　水文条件调查

必须调查评估现有的水文条件，以确定湿地的水文是否能够支持生态湿地，满足项目目标，进行可行性研究才能进行湿地设计。不适宜区域的水文状况也可通过从附近地区调水来支持湿地修复。这些方法不仅很贵，而且不适合湿地系统的长期进化。因此，它们只适用于少数必要项目。

必须进行仔细规划和执行的水文评估，以量化考虑恢复或创建湿地的任何地点的水的时空分布。湿地评估必须考虑地表水源，如常年溪流、潮汐影响、直接降水、径流、融雪和地下水来源，如天然泉水、互流和潜水含水层。水文湿地评估还必须考虑潜在的水分损失，如渗透、蒸发、蒸腾和渗漏。

（1）水文条件的关键是水平衡

组织水文数据的方法是计算湿地内的所有汇入水源，即水资源总量、水收支平衡，水量平衡是一种系统的方法，包括系统水文边界内的所有主要水源和水汇。

水平衡首先确定供水，包括地下水流量、外流、蒸发及渗透损失。

（2）进行水文调查

以水文调查确定选址是否有潜力支持湿地系统，这种调查通常是基于对现有历史降水、水流和地下水数据资料的统计得出。

如果水文条件不足或需要采取工程措施以达到理想的水文条件，其选址则应选择更有利的水文条件之地。

对湿地要仔细分析影响降雨和径流模式的流域和气候条件。风暴频率和持续时间曲线可以从生态史研究，根据历史气候记录绘制，也可以从当地政府机构获得。

以水流或潮汐流为主的湿地可能需要仔细分析湿地内部的水流模式，以确定侵蚀潜力和沉积模式。具有大流量的湿地必须考虑上游水流的洪水潜力以及这些洪水对湿地系统的影响。

湿地恢复和修复的许多设计标准都与湿地地表水流的丰度和分布密切相关。这些设计标准包括洪水事件的深度和持续时间，最小洪波衰减和最大冲刷时间的估算。地面流量可以通过河流测量、航空测量和水文测量来量化。在进行设计前分析时，需要收集湿地上游及下游一整年的水表记录。当没有这种记录时，必须进行几次短期水文测量，以确定地表水系统的特性。水文测量应包括流量对所有流入和流出地点进行测量，并对地表水资源进行航空测量，包括盆地深度和水面高度测量。任何湿地地表水的分布都随季节和年度而变化，因此，要在年度期间内进行多次调查，时间跨度至少为一年。

在设计水流控制结构、挡水结构和其他工程时，需要对现场现有的水文条件进行彻底分析。在湿地调查初期，必须对水文分析的边界做出决定，但值得注意的是行政边界很少与拟建湿地所属的排水单元的水文边界重合，这就需要地方政府协调解决。

（3）水文历史资料十分重要

对湿地设计有价值的水文记录包括降水、风、温度、流量、湖泊水位和河流水位。降水、蒸发、风速等是常见气候资料的历史记录。在一些地区，降水率在短距离内可能有很大的变化，现有的记录对某些项目可能不够准确。因此，应该检查区域站的长期记录，以确定降水的季节变化，并获得对区域降水模式的了解。

收集足够准确的数据以支持设计活动，可能需要在现场放置一个降水计，以收集关键时期特定的湿地数据。该湿地至少有一个气象站，并在此之前至少运作一年。冬雪调查有助于确定分水岭积雪的深度和含水量。

历史水文资料往往十分缺乏，历史地下水流记录更难查到，可采取对当地老人追溯进行估算的方法。笔者修复塔里木河尾闾台特玛湖时就采用了这种方法。

2.3 潜育层精准清淤和土壤处理

湿地修复工程绝不是单纯的土石方工程——挖坑，但是土石方工程和所有土木工程一样是湿地修复工程的重要组成部分，这个工程中最重要的是对湿地的根——潜育层的精准清淤和对土壤的处理。

2.3.1 湿地土方工程施工原则

土壤和潜育层是湿地生态系统的基础部分。潜育层形成了湿地的结构容器，并作为生物界面即生物床，支持无脊椎动物和微生物种群，作为植物生长的介质并促进水质改善。土壤可以形成一个屏障，将水保留在湿地内，或一个透水介质，允许地下水在湿地系统内交换。潜育层清淤和土壤处理的土石方工程设计须遵守如下原则。

（1）土壤、地基和基材

在湿地恢复和创建项目的规划和设计中，土壤专家关注土壤的物理方面，但应进一步强调土壤的生物功能及其作为植物生长媒介的重要性。因此，对湿地系统土壤成分存在两种不同但相互交织的认识和定义。将植物生长和生物培养基称为“潜育层”和土壤来区分两者。提供生物系统支持称为“生物床”，提供结构支撑作为“地基”。

土壤是湿地生态系统的一部分，也是湿地自身的结构容器。土壤的功能是保持湿地水文，或者作为渗透介质，允许地下水进入，通过，并从湿地系统中流出。此外，土壤作为一个生物界面支持无脊椎动物和微生物种群，也作为植物生长的媒介，并促进水质改善。

主要关注土壤的物理特性（岩土工程方面），还有土壤的化学和生物特性，这些特性会影响湿地系统中植物群落和其他生物的类型。“潜育层”这一术语是指土壤中提供给部分植物，如无脊椎动物、微生物群落的媒介和植物生长所需的营养物质。在湿地设计过程中，必须认识到与潜育层相关的工程特性，即不能挖掉潜育层。

作为湿地结构“容器”功能的一部分，“基土”必须具有适当的导流能力，根据湿地水文来源保持水分并允许地下水交换。提供所需的工程结构支持的“基土”可能太过致密或不透水，不允许植物扎根，或者可能在水周期性下降期间太过透水，不支持水生植物。这些土壤的有机质含量可能不足以支持微生物活动或某些湿地功能所必需的化学交换。由于大多数湿地工程设计将包括有根的植被，并需要提供一个单独的土壤层——“基土”，该层具有有利于植物生长的特性，并能够支持其他湿地功能。“基土”上可加基板材料，15 ~ 30cm的“基板材料”覆盖在已有的“基土”上，对于大多数灌丛/灌木湿地系统是足够的。

（2）湿地地质土方工程准则

湿地修复和恢复的一个主要目标是通过工程创造一个环境，提供所需的功能，同时与周围的地貌是协调的，这是湿地选址、设计和施工的主要决策指导。

要创建具有理想功能并与地貌相协调的湿地，必须考虑湿地的许多地质特性。包括：地质环境、地貌环境和趋势、湿地形态和大小、土壤组成和质地、水文地质。

① 地质背景

不同成分的岩土和沉积物的分布对地下水流动、地形、排水模式和其他地貌特征有深刻的影响。一个地区详细的地质分析包括区分现有的岩石和沉积物类型，以确定它们的几何结构和评估它们的结构特征。

② 湿地的形状和面积

正如湿地流域形态和大小影响湿地提供湿地功能的能力一样，湿地本身的大小和形态测定决定了其提供特定功能的能力。影响湿地功能提供能力的形态特征包括：湿地底部的形状和深度，对海滩湿地来说则是入海口和出海口的大小和形状、岸线长度。

相对于流域而言的湿地的大小，可能对水和物质通过流域的流速、湿地水的停留时间和水文周期有显著影响。同时，湿地的大小也影响湿地动植物栖息地的适宜性和多样性。

宽广、平坦、粗糙的浅水区往往会减缓水流速度并抑制波浪，因此会增加水的停留时间，减少湍流和侵蚀的可能性。不同的水深区别很大，丰富了水生动物和野生动物栖息地的多样化。进水口和出水口的大小和形状则控制着与较深水域的交流程度、水停留时间、水文周期以及地表水流在湿地的水收支。湿地岸线长度与水量的比值影响着地下水水量平衡以及湿地动植物栖息地的多样性。

③ 土壤地质和组成

由无机颗粒和有机颗粒土壤组成了潜育层，它们之间有空隙。根据当地条件，这些空隙可能被不同数量的水和气体填充。

对于地质学家、工程师和土壤科学家来说，“土壤”一词的含义不一定相同。地质学家通常用“土壤”一词来指蚀变岩石或沉积物的表层。因此，对地质学家来说，土壤可能包括全部或部分风化层。风化层是整个松散的、不连贯的、未固结的岩石碎片层的统称。

土木工程师指的“土壤”是挖掘作业中挖出的、用于填筑材料或为结构提供基础的那部分风化层。因此，对工程师来说，土壤一般包括整个风化层。

对土壤科学家而言，“土”是指地球的分层之一，通常1～2m厚，支持植物生长的岩石碎片和矿物颗粒的上部风化层。

风化岩石，水蚀沙粒综合形成的土壤特性随时间而获得稳定状态，达到稳定状态所需的时间因土壤性质、母质、侵蚀或沉积速率的不同而不同，由于不同的层位以不同的速度发展，因此，土壤层位也不同。

a. 土壤质地

碎屑物质的大小、形状和排列控制着许多土壤性质和变化。实验室分析或专业人员进行的简单现场试验可以确定土壤的质地等级。

土壤的孔隙度和渗透率与土壤质地直接相关。粗粒度的土壤往往多孔性和渗透性更强，可增强地下水流动。富含有机物的黏土可以具有高的孔隙率，因为有机物质的不规则形状和黏土矿物表面的静电排斥其他黏土颗粒的填充。

土壤化学活性与土壤质地有关。由于单位体积表面积随着颗粒尺寸的减小而显著增加，较小的颗粒与地下水进行化学交换的可能性更大。较小的颗粒往往是黏土矿物，其化学活性比其他无机碎屑物质起到的化学作用更强。

b. 土壤成分

土壤物质由不同数量的有机物质和无机物质组成。有机物质的组成范围从未分解的植物和动物遗体到腐殖质。腐殖质是由原始组织或各种生物合成的复杂的、耐蚀的棕色的、无定形的胶状物质。腐殖质通常构成了土壤有机质的大部分，尽管在许多湿地中，厌氧条件阻碍了动植物组织的分解，但泥炭的形成可改变这种情况，所以潜育层向泥炭转化是功能最强的湿地。在波兰北部有大片这样的湿地（泥炭可用作燃料），使波兰北部成为欧洲最好的生态系统之一。

湿地土壤一般可分为矿物土壤和有机土壤两类。几乎所有的土壤都含有有机物，其干重低于20%的土壤被认为是矿质土壤。有机土壤也被称为泥炭土和有机土，有机土壤的两个重要特征是植物成分和分解程度。有机物质可以来自苔藓、草本物质、木材和凋落叶。随着植物的分解，容重增加，水力传导率和大纤维（>1.5 mm）凋落物数量减少。碳氮比是原始有机物质分解量的简易测量方法，在未分解的植物组织中，该比率较高（>20%），腐殖质中则较低（<10%）。

土壤有机质对土壤的许多特性具有重要的意义。如显著提高了土壤的蓄水能力和阳离子交换能力。分解过程中产生的有机酸促进了无机物质的风化，形成化合物，增加了离子的溶解度。CO_2的分解过程不仅固碳形成强大的炭汇能力，还降低pH值促进了风化，土壤层加厚。

2.3.2 潜育层特性及施工准则

潜育层是湿地生态系统的一部分，也是湿地自身的结构容器和生态系统支撑。潜育层土壤的功能是保持湿地水文，作为渗透介质，允许地下水进入，并从湿地系统中流出。此外，潜育层土壤作为一个生物界面支持微型无脊椎动物，微生物种群，作为植物生长的媒介，对水质改善起最关键的作用，也是湿地与湖泊的主要区别。

（1）潜育层的特点

在湿地修复或恢复的最初阶段，湿地潜育层主要作为水生植物物种生长的介质。随着潜育层的成熟，它将发挥自然湿地支撑的主要功能。

在大多数情况下，湿地功能系统的生态和生物化学在很大程度上是由在潜育层发生的过程驱动的。潜育层为微生物提供住所，微生物调动了养分，滋养了植物，而植物过滤了沉积物，这些沉积物又为植物提供了栖息地，昆虫在其中生长，这些昆虫又喂养了鱼类和禽类。潜育层对项目的成功以及湿地系统的潜在功能至关重要。

潜育层母质的起源、物理和化学性质以及微生物和无脊椎动物种群的组成被认为是了解生态系统的复杂性而必须进行研究的关键因素，湿地潜育层中的还原条件影响厌氧环境中所特有的生化转化。

微生物要想在潜育层中大量繁殖，就必须有食物来源来维持生存。在好氧条件下，累积在潜育层上和潜育层内部的有机物被有效地消耗（氧化）；但是，当完全饱和时，氧气扩散会显著减慢。随之而来的是厌氧条件和微生物种群的“周转”。湿地生物质生产一般都高于陆地，有机物往往积累在湿地潜育层中，湿地土壤的有机质含量比附近的旱地土壤高得多。自然产生的矿物湿地土壤的有机质含量可高达30%，而平地农业土壤的平均有机质含量仅在3%～6%之间。

因为有机物质会在湿地土壤中积累，湿地潜育层反过来成为未分解有机物质中营养物质和污染物的“水槽”。厌氧潜育层条件也促使硫、碳、氮、磷、铁和锰的化学转化，并实现甲烷等生成过程，所以中文称甲烷为“沼气”，中国人很早就已利用沼气。微生物种群在厌氧条件促进这一结果。微生物种群也是各种污染物的消化/消耗者，并协助沉积物的生物修复。所以湿地可以作为污水处理厂的初级，也可以作为Ⅰ级污水处理厂的次级。

在潜育层中发生的转变也依赖于pH值和氧化还原电位。特别是，pH值影响各种化学物质的溶解度和它们在土壤中的流动性，如铁、铝和锰。在不同pH值和氧化还原电位下，化合物的形态和化学结构反过来会影响微生物群落和潜育层中发生的生化作用。设计师应该意识到这些过程以及它们对湿地系统形成和功能的重要性。

由于有机物含量的增加和大多数湿地系统中许多矿物沉积物的胶体性质，湿地土壤往往比旱地土壤具有更高的阳离子交换能力，较高的阳离子交换能力反过来又增加了湿地潜育层结合营养盐阳离子和污染物的潜力。

含有矿质土壤的湿地系统具有更大的水量循环和更多样化的水文输入，植物生长所需的养分含量会更高。大多数以矿质土壤为潜育层的湿地系统的pH值趋向于中性，而有机土壤湿地的pH值低得多。

自然发生的湿地潜育层的物理特征随着地貌环境的不同而变化，自然湿地潜育层的渗透性也可能有很大的差异，但几乎所有潜育层都为水生植物物种提供了相当好的生物培养基。

对修复湿地水位规律性下降和季节性波动的观察表明，地下水位深度对土壤剖面中根系的深度和横向分布有显著的影响。垂直生根的深度会增加，因为在季节性降水期间，根必须沿着消退的地下水位深入更深，因此，湿地设计者必须认识到水文对人工湿地潜在生根深度的影响。在恢复湿地潜育层中添加有机物可以有效地提高湿地土壤的蓄水能力。

（2）基板设计比较研究对潜育层修复的作用

设计师必须重视基材在人工湿地潜育层中预期的主要功能。潜育层必须是一个相当好的固定和维持目标植物物种的介质；而且它必须适合容纳微生物群，这些微生物群进行不同的营养和化学转化，这些都是湿地与湖泊的区别。

潜育层设计应包括对类似环境下较好的自然湿地系统的评估，对同类湿地的比较研究十分重要，模仿状态良好的自然湿地系统是可取的。参考湿地应尽可能靠近预计的修复地点，并应便于数据收集和评估。对白洋淀来说，就近是洪泽湖成功修复部分，较远的是柏林湿地。土壤参数的指标体系如质地、渗透性、容重、有机物含量百分比、pH值、阳离子交换容量、盐度（可溶性盐的浓度以电导率表示）和养分含量可进行评估。也应注意优势植物的生根深度；这些对规划湿地的潜育层深度很有帮助的。

（3）恢复湿地的潜育层

恢复湿地潜育层材料应提供良好的生根介质，潜育层材料还应能够提供最低量的营养，以帮助建立目标植物种群，还应包含足够的有机物，以维持微生物种群。

矿质土是恢复湿地建设项目中最常用的潜育层材料。其他选择如下：

① 使用从待替换的湿地区域回收的氢盐土壤。氢盐土可以作为“孕育剂”在恢复湿

地区域的表面铺展或“覆盖”。

② 使用高地矿物表土。

潜育层深度对不同湿地参考如下：

草本植物群落：15cm；

草本/灌木灌丛：30 cm；

草本/灌木灌丛/乔木：30～45cm或更深。

经过初步挖掘和分级后，大多数人工湿地规划基土标高接近水平线或略低于水平线。在湿地设计需要深水区或岛屿的地方，注意基材在水化作用后可能有下滑的倾向。设计“侧坡”必须确保充分含水的基板不会成为“泥石流”，必须进行全面的斜坡稳定性分析。

如果潜育层材料的质地比它所处的土壤要细，常常会导致潜育层积水。由于土壤水对潜育层中较细孔隙空间的亲和性，向下层的排水受到抑制，但可以增加湿地潜育层在季节性降水期间为植物提供水的时间长度。

不再对已处理或修复湿地的表面进行精细处理，粗糙的微地貌对改善物种多样性有益。

总之，湿地潜育层中生物化学相互作用的复杂性对修复湿地系统的结构和功能起决定性作用。

需要对潜育层更多的研究来增加这方面的知识，并帮助建立湿地修复“标杆”，我们应努力使中国白洋淀成为引领国际湿地修复的“标杆”，通过它来衡量在修复和恢复湿地的工程是否成功。

2.3.3　水文地质

地下土壤、沉积物或岩石单元储存和输送大量的地下水被称为“含水层”，即洁净的地下水和矿泉水。含水层分为承压的、非承压的和悬着的。被渗透物质从含水层延伸到地表覆盖的饱和水岩石和沉积物称为非承压含水层，即地下水位。覆盖在不透水围压层上的饱和水岩石和矿物称为承压含水层。在某些地区，在一般渗透性物质中存在面积有限的不透水地层，在这种情况下，向下通过非饱和带的水被不透水层拦截并积聚，形成饱和带，这样的区域称为悬着含水层。

地下水和土壤水分存在于土壤物质的裂缝、空隙和孔隙中，在水文地质学中具有重要意义。在土壤和沉积物中，孔隙度主要受粒度的影响，平均粒度越大，孔隙度越高。颗粒形状也可以显著地改变这种一般关系，晶粒越光滑、越球状，介质越多孔。

渗透性是指岩石、泥沙和土壤在不损害介质的结构和产生位移的情况下输送水的能力。水力传导性是对流体在泥土中移动的能力的测量，渗透率是介质的函数，而水力传导率是介质和流体的函数。水力传导率等于100%水力梯度下的泄流速度，以流速测量，确定导流系数是水文地质学最大的难题。

与空气动力学的难题一样，异形、曲折的管道的导流系数计算是最大的难题。笔者作为改革开放后第一批出国访问学者，曾在欧洲原子能委员会法国芳特诺核研究中心（巴黎北部）为受控热核聚变的中性注入器导流系数，用Monte-Carlo法做过3年模拟计算，取得了出色的成果，发表于《法国原子能委员会年度报告（1979）》，并成功用于欧洲联合受控热核聚变试验器——欧洲大环（JET），是使之创造等离子体反应结束时间世界纪录的重要部件之一，这一成功可以借鉴。

湿地生态修复通常采用钻孔评价水位变化响应的现场方法来确定计算出的导流能力。用于确定地下渗透率的试井有两大类：一类是监测周围观测井抽水响应（即水位变化和水位变化速率）的试井，另一类是评价抽水井本身的水位响应的试井。

2.3.4 地貌趋势

地貌经调整达到一种稳定的状态，持续的能源和材料投入不再对系统或其产出产生重大的变化。平衡系统是指能最有效地处理物质和能量的系统，动态平衡是地貌要素迅速适应作用于其上的波动过程的一种状态。动态平衡要求在一段时间内，能量和物质的输入与输出保持平均平衡。如果这种平衡被长期变化或极端事件作用超过极限，系统就会做出反应，从而产生一种新的平衡状态，使系统在新的条件下功能最强。一个系统变得不平衡以至于它开始向一个新的平衡状态改变的衰变点被称为阈值。临界条件通常是由气候事件引起的。某一特定气候事件诱发阈值条件的能力不仅取决于其强度和持续时间，还取决于其原有状态。恢复速率是系统在扰动后恢复平衡条件的速度。

这就是钱学森先生提出的非平衡态复杂巨系统理论，作为湿地工程设计不需要航天和受控热核聚变那样精确的计算，但必须用这种理念指导。

不平衡的地貌包含区域侵蚀或沉积率、切割沟壑和溪流等。因为湿地通常地势较低，水位变化相对较大，是水生和陆地生态系统之间的过渡，并被松散的沉积物覆盖，通常易受到短期、高强度事件的影响，这些事件通常会导致湿地地貌的大变化，这些干扰对湿地提供特定功能的长期能力至关重要。由于自然干扰通常是湿地地貌的一个整体过程，因此，了解什么是自然干扰和什么是人为干扰的类型是很重要的。考虑到这些事件对湿地的长期稳定性和湿地在一段时间内提供某些功能的能力的影响，了解这些事件的规模、频率和时间也是至关重要的。

2.3.5　保留堤坝的原则

堤防是在低洼地区周围建造的不透水的墙（石）或土堆，用于蓄水防止洪水，限制河道或受洪水影响的区域。湿地堤坝一般不超过1m，很少高于2m，除非堤防跨越沟壑或其他天然深洼地，在湿地筑高坝是不科学的。

地下勘察、材料来源的选择、地基准备的选择、路堤设计和土方工程施工规范的制定都需要根据土木专业和岩土工程专业指导进行。

湿地堤防工程设计包括位置、高度、断面、材料、施工方法的选择。设计和施工方法取决于湿地项目的限制条件、地基条件、材料适用性、可用性以及施工设备，最终的设计应根据可行性研究。

（1）项目的约束。湿地项目的整体需求对堤坝设计提出了若干限制。包括构建时间、资金、位置、高度和可用空间，由湿地项目的蓄水需求决定。结构的安全设计系数是根据防止失效所增加的初始成本来选定，相当于失效的概率乘以损坏及其修复的成本，也必须始终考虑湿地环境安全和美观。

（2）基础条件。基础必须有足够的强度来支撑堤防，而不会造成堤防边坡平移或转动的破坏。地基压缩性必须保证堤防沉降不超过极限，地基的渗透性必须足够低，以防止渗漏发生。

（3）可用性的材料。堤防应根据位置、类型、指标性质和易恢复程度来确定。经济的堤坝建设尽可能利用附近的材料。在可行的情况下，可将疏浚物料从疏浚场抽送至湿地。如果要开挖堤防蓄水，则挖走的土可用于堤防。在局部地区要求进行平衡的挖方和填方，从而消除了远距离运输过剩或缺乏土石的需要。

（4）设备的可用性。如果湿地表面足够牢固，一般采用普通土方施工设备。当该湿地主要或部分为不易通过的软土壤时，需要用软土作业的低地压专用设备，以不破坏潜育层。

（5）施工方法。应综合考虑，系统分析，生态施工。

2.4　湿地动植物生态系统建设

湿地的动植物生态系统是湿地水、土和生物的三大系统之一，是最主要的系统，也是湿地与湖泊的最重要区别。

2.4.1　湿地植物系统修复的准则

湿地生态修复最重要的任务就是恢复被破坏的原生动植物生态系统。为了成功恢复和管理湿地动植物，必须进行基础地点评估。这些评估应包括生态史，并可能包括历史性的物理、化学和生物调查。

在进行选址评估时，首先要考虑的是确定原生动植物特征，选址尽可能用原来的湿地恢复。而湿地创建意味着湿地将位于湿地以前不存在的地方，该处将不会有湿地动植物，必须将动植物引入湿地。虽然现在原生湿地动植物可能不存在，但是可以提供潜在土壤质地和化学成分，以及过去的土地利用的历史。

湿地恢复通常需要对现有湿地动植物进行管理或改变过去的滥用行为，退田还湿，退渔还湿。湿地恢复的主要立地评估目标是描述现有动植物的类型和分布，以确定在改变滥用后，未来的动植物发展是否能达到项目目标。

尽管原来是湿地但仍必须评估水文、土壤、地形和周围的土地用途对动植物生长的影响。湿地流域的植物生长条件取决于水、土壤、地形和物种。

（1）水

湿地植被的生长和分布主要受水文学的影响。水分限制了氧气向埋藏的种子和根系的扩散，从而限制了大多数物种的萌发和生长。湿地植物不同于陆生植物，它们具有不同的形态和生理机制来抵抗其根部的淹水，湿地物种比其他物种能忍受更长时间的洪水，但幼苗更容易因淹水而损失。过多的水，尤其是在生长季节，会对植物造成压力，限制生长和群落建立。因此，应该确定潜在的项目地点在适当的深度，在适当的地点，在适当的时间有水，以支持项目的目标植物物种。

水文调查应包括对水的数量和质量的估测。该地的水文状况应具有与当地自然湿地相似的季节性水位波动，以使当地湿地植物物种能够安置在它们自然生长的生态系统的水文条件下。只在短暂的洪水期和有限的土壤饱和期，树木、灌木和一些新生植物的种植成功率将会提高。

水质是决定湿地植物分布的第二大因素。水质的现场评估通常包括总磷、总氮、pH值、盐度、碱度、浊度，以及重金属的毒素分析。水化学参数对于确定适宜植物选择的定点条件是很重要的。因为大多数有根植物从土壤水中获取养分，所以在考虑沉水水生植物或潜在的富营养化问题时，静水的化学性质是最重要的。浊度限制了光的穿透深度，影响许多湿地植物。挺水植物在浑浊浅水中生长；深水的浑浊必须处理，以支持潜水植物生长。

（2）土壤

几个土壤因素影响湿地植被。对植被建立和管理立地条件评估必须包括确定潜育层是否能为目标植物品种提供足够深度的稳定生根培养基。土壤还必须为植物的生长和维护提供足够的养分。土壤过于压实，会限制植株的生长。

土壤稳定性取决于土壤质地、地表坡度、侵蚀力（风、水等）和植被覆盖度。

土壤剖面中是否存在致密层，如岩石、黏土或矿藏，需要仔细检查，因为根部穿透深度可能受到限制，排水可能受到阻塞。一般来说，吸收养分的细根大多生长在土壤的顶部30cm处，所以如果一个闭塞层不在离表面30cm以内，生根深度对草本植物和灌木不成问题。但是，树木将需要更多的扎根深度，以增加稳定性，以对抗风和洋流，封闭层会造成不良的生根条件，让根渗透或改变种植的土壤条件。原生湿地土壤自然较符合这些条件。

（3）地形

大多原生湿地的潜育层依然或多或少的存在。植物群落的建立和生长需要稳定的潜育层来固定根系和保存繁殖体，如种子和植物碎片，在进行地点评估时应充分确定斜坡的特征。应当选择能够迅速传播和固定土壤的植物品种，尽可能是原生物种，或者应当使用生物工程技术来帮助建立植物覆盖层。

有必要对湿地进行准确的地形评估，因为地表坡度与湿地水文相互作用，确定湿地内特定区域的水深，淹水深度和淹水持续时间是影响湿地植物分区的主要因素。陡坡上的土壤通常比缓坡上的土壤排水更快。在水位下降的缓坡上，水的饱和时间更长，即使在地上植物部分暴露后，根系仍处于缺氧状态，必须注意。

场地地形也影响植物物种多样性的维持。在自然系统中，地面上的小不规则现象（如小丘、洼地、原木等）是很常见的。微地形特征较多的湿地物种数量多于不具有微地形特征的湿地物种数量。白洋淀就是典型例子。

海滩湿地物种多样性的第二个地形特征是蜿蜒的海岸线。沿着笔直海岸线的沿岸漂流物携带着种子和植物碎片以及沉积物，几乎没有机会繁殖。海岸线的凹形部分使沉积物和繁殖体能够更成功地联系和生长更多的物种。

（4）新湿地如何选择理想动植物?

如果建立新湿地，很可能没有理想的动植物存在。如果没有理想的动植物，那么必须决定理想的植被是自然生长，还是人工种植。结果，不受欢迎的物种可能会出现，并有可能占主导地位和压倒有利的物种，物种丰富度可能降低。即使可能有理想的植被，也可能需要管理来提高物种丰富度达到项目目标。因此，新建湿地是复杂的工作，要更细，投入要更大。

确定现场植物种类的一个基本方法是对现场考察中观察到的优势物种的面积覆盖并进行编目。在这些情况下，可能需要人工管理以消除非自然干扰（如放牧）或恢复自然条件

（如水文或火灾）。

（5）最理想物种是原生物种

在决定理想物种是否存在时，必须考虑到物种的优势。例如，一个沼泽的物种列表可以包括50多个物种。但是，在大多数湿地恢复或建设项目中，原生物种多是理想物种。虽然多样性是湿地项目的一个有价值的目标，但在大多数项目中使用的策略是确保优势植物物种的演化。其他物种将随着时间的推移而建立。如果种子和植物繁殖体的来源在附近，则多是原生物种自然定植，可以是非常成功的恢复植被的方法。原生湿地物种丰富度和多样性随湿地大小的增加而增加，在距离湿地核心700 m以上，物种丰富度显著下降。

2.4.2　湿地植被建设基本条件

除了作为主要的生物量生产者，湿地植物也是湿地生态系统的重要组成部分，因为它们提供了繁殖、躲避食肉动物的庇护所，以及水生生物和许多野生物种的休息场所。此外，湿地植物还发挥了其他对社会具有重要价值的功能，如净水、碳汇、蓄水和景观等。

（1）水的质量

水质（如营养浓度、pH值、盐度、浊度、硬度、重金属和其他有毒成分）影响湿地内可生存的植物种类，从而影响湿地项目地点植被的建立。盐度和pH值可能是影响湿地植物分布的两个最重要的水质参数。盐度，即水体中可溶性盐的浓度，它决定了植物必须承受的盐渗透梯度。盐生植物是耐盐碱环境的植物，通常生长在盐沼、河口和其他盐碱湿地环境中。

沉水植被对几种水质参数十分敏感。许多沉水水生大型植物的分布与浊度、总碱度、pH值、溶解有机物、总硝酸盐和亚硝酸盐、磷有关。

浊度是淡水系统中一个非常重要的因素。在这些系统中，浑浊度降低了光的透射率，从而降低了植物在较深水域的光合作用和生存能力。在湿地创建后的最初几年中，浊度值可能会增加。

有毒成分的浓度，如金属、除草剂、杀虫剂和有机物的浓度超过一定的阈值水平，会影响种子活力和萌发的生长过程。

（2）水流和波浪

水流和波浪的物理作用可能会阻止幼苗在暴露的海岸、河岸和边缘地区恢复湿地中扎根。幼苗也不能在过度的水冲击条件下生长，种子在发芽过程中移动，使根系无法伸入和穿透土壤。当沉积物沉积掩埋种子，侵蚀冲走种子时，种子成功发芽概率率和成活率就会降低。但是，水流又是湿地中种子传播的重要机制。

水流和波浪破坏已建立的潜水植物和挺水植物物种，并能侵蚀土壤远离植物的根。植物因失去叶子和茎断而紧张，健康植物的恢复受到持续暴露在高冲击下的限制。浮叶物种尤其脆弱，因为它们经常被波浪和水流卷走，在河流湿地系统中，大流量的冲刷作用可以移动和移走已经建立好的植被。在海滩湿地随着海岸岸线的恢复，可游距离和岸线几何形状是决定湿地植被在预期波浪能量下是否稳定的最重要因素之一。

（3）潜育层与生物床

潜育层与生物床为植物提供水分和养分，同时也为植物提供固定的结构支撑。潜育层的整体特征，如质地、结构、密度、压实度、肥力、盐度、pH值和渗透性，通过影响生根体积、水分和养分有效性来影响植被的建立。适宜的潜育层条件是植被成功建立的关键先决条件。

（4）土壤

过度坚硬的土壤是建立天然或人工湿地和水生植被失败的主要原因之一。

① 土壤肥力

肥力是土壤提供植物生长所必需养分的能力，并直接影响植物生长和湿地的建立。土壤肥力与质地、pH值、有机质含量和过去的土地利用有关。过去土地使用中含有毒素或污染物的土壤，如果可用成分的浓度高于导致有毒反应的阈值水平，将限制在湿地建立植被，尤其是退耕退淀还湿。有毒化学物质可能包括化肥、杀虫剂和重金属。

② 土壤盐碱化

在干旱的西北部地区，可溶性盐往往是植被建立、生长和生存的一个大问题，也是沿海和河口湿地系统的一个关键因素。高蒸发率会增加干旱地区累积盐分限制植被生长。

土壤酸度与碱度的比值表示为土壤pH值。土壤pH值是决定植物是否可获得许多矿物元素的关键因素。一般来说，微酸性或中性土壤pH值对大多数植物来说都是适宜的。

③ 土壤水分

“土壤水”是笔者主管全国水资源配置时提出的一个新概念，它不同于地下水。土壤含水量和水分保持性是维持幼苗萌发、存活和生长的主要物理特性。土壤水分直接受到土壤质地、渗透性、入渗性、海拔高度、降水量和蒸发量等特性的影响。

（5）地形

湿地地形，包括海拔、坡度、坡向和地貌位置，是湿地植被建立的一个重要的物理限制。这些因素可以直接影响植被的建立，间接影响土壤结构和土壤水分的发育。

相对海拔高度是植被建立的次要因素。但是，在一些湿地类型中，如潮汐地貌和森林低地，但绝对海拔高度对物种产生了深远的影响。海拔高度的急剧变化会对物种的传播和在同一地点的建立造成障碍，海拔对繁殖体传播的阻碍程度也取决于物种的传播机制。

（6）竞争

竞争是两种或两种以上生物之间的相互作用，它们利用同一种短缺的共同资源，对这些生物产生相互不利的影响。竞争可以发生在同一物种的个体之间，也可以发生在不同物种的个体之间。植物竞争阳光、水、营养和空间。例如，高大的植物在荫凉处往往会胜过矮小的植物；深根植物能从浅根植物无法达到的深度获得水分；细根植物比粗根植物能获得更大体积的土壤和更多的植物养分。在所有这些情况下，最成功获得资源的植物是最有可能存活下来的植物。竞争是调节植物在特定环境下生存能力的重要机制，也是湿地修复和恢复项目中植物成功建立的主要限制因素。

原生的植被可以有效地胜过新种植的目标物种，在一个相对成熟的生态系统中，已建立的植被对入侵物种具有抵抗力，因为它对资源的利用达到了新植被难以获得足够的生存资源的程度。在一个地区种植的个体之间的竞争会影响一个地点植被的建立，并最终导致该地点物种组成的变化。

2.4.3　湿地植被生态系统修复工程决策

湿地植被生态系统修复工程面临一系列决策，程序如图2–3所示。

为了加速植物覆盖的发展而需要种植，必须选择符合项目目标并在湿地条件下具有竞争力的树种。在种植期间，植物必须有充足的供应和良好的状态。植物的获取可以通过商业苗圃，更重要的是从原有自然种群收集。在选择植物来源时，要权衡成本、劳动力和植物的质量，必须做好现场准备工作，以尽量缩短工期。

如果植物是通过播种建立的，在管理系统中，通过控制有害物种、侵蚀和水位来维持植物的生长。

湿地植被建设计划的主体包括地图、图表和表格。在创建时，它应该包括地表高度、水位、土壤地层和种植区域的信息。而且应详细说明要使用的植物种类、放置位置和种植技术。计划实施的时间安排应考虑到植物生长周期和水位的季节性。

实际项目建设和计划设计之间的差异可能导致植物无法生存或生长不良。例如，如果在丰水或干旱年份对湿地进行评估，水位可能达不到设计水平，导致植物过干或过湿。定期和系统地从数量或质量上评估植物健康状况的监测方案，将能发现问题和制定中期纠正措施。

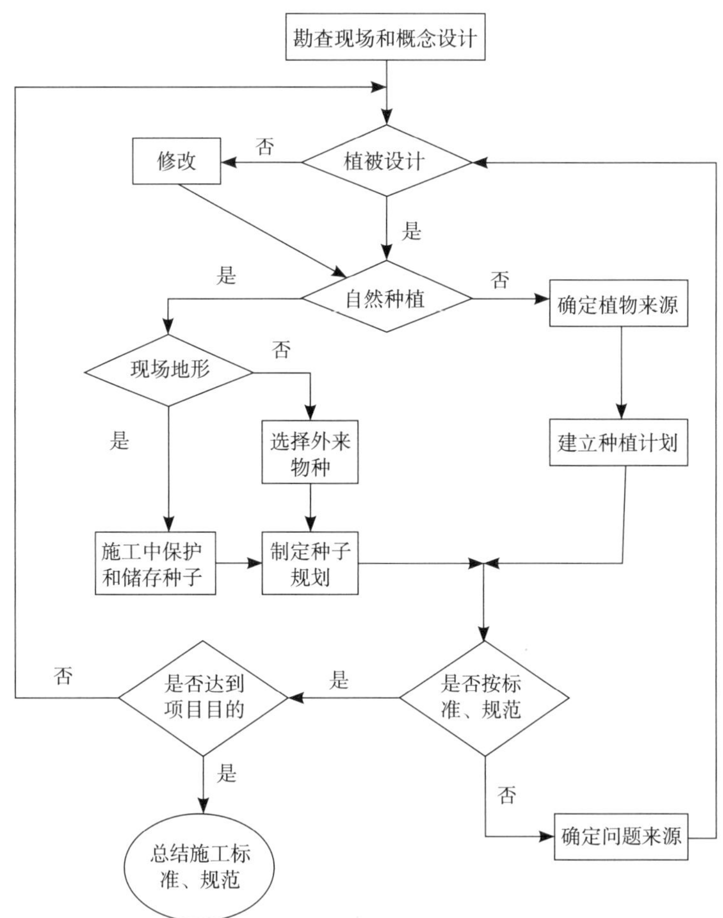

图2-3　湿地植被恢复规划决策程序

2.4.4　湿地植被维护

在初步种植后，工程的下一步就是维护。

（1）维护的周期

一处植被维护应至少持续一个完整的生长季节，最好持续更长时间。继续监察及保养的原因：

①确定是否需要额外肥料施用；

②确定是否需要替换种植或补充种植；

③确定对外来或不良植物品种采取控制措施的必要性；

④控制病虫害；

⑤清除可能会窒息植物生长的堆积的垃圾或碎片；

⑥确保湿地地形和水文条件满足成功标准；

⑦检查和维护围栏；

⑧修剪或去除死的或病的植物部分；

⑨如果站点没有按照成功标准以令人满意的速度发展，则需要进行维护。

湿地植被建设项目要建立可衡量的成功标准，而这些成功标准应尽可能进行定量评估。

一个好的项目计划应该很少需要维护（如季节性割草或定期施肥）。在项目规划中应考虑对有可能危害其他物种的外来物种采取管理或控制措施。

（2）维护费用和修复速度

选择用于湿地恢复的物种一旦种植到一个湿地，需要有限的维护。修复应选择低维护水平的物种，以降低成本。低维护性植被指的是在特定的气候条件下，在特定的环境条件下生长良好、繁殖良好、没有严重病虫害的植物。

物种在某一湿地安家落户的能力各不相同。一些沼泽和水生植物非常具有侵略性，可能很快在有裸矿物或有机土壤的地方生根（例如，香蒲和芦苇）。虽然快速建立对湿地恢复物种是理想的，但必须仔细权衡种植这些物种的潜在后果。在湿地上迅速建立起来的物种往往会统治一个湿地，并在很长一段时间内排除其他植物物种在该地区发展。

分阶段种植往往更成功。在一两年后的第二次种植。在美国西雅图地区，先分阶段种植枫树、赤杨、柳树和杨树，然后再种植铁杉、雪松和云杉，比单一的大规模种植更成功。

如果目的是在湿地上建立一个快速的植物覆盖层，禾草通常被认为是理想的物种。它们非常适合各种湿地条件，并提供快速密集和持久的地面覆盖。

在选择湿地物种以快速定植恢复地点时，应选择寿命较短的多年生草本植物，也要选择适合该地点特性的树种。

（3）现场维护问题的纠正措施

现场维护的重要性在于可以弥补工程未达到的目的。

① 物理和化学措施

a. 土壤改良剂

在植被修复和恢复项目中，可以在种植前或种植后施用土壤改良剂：肥料和覆盖物。

在土壤营养差、矿物质浸出率高的地区，可能需要施用有机或无机肥料。施肥可在播种或播种时、播种或种子发芽后的几个月或生长季后进行，施肥量和肥料种类取决于土壤类型、植物状况和气候等。

b. 有机塑料薄膜

表面有机塑料薄膜保护土壤免受阳光直射，以减小由于蒸发水的损失，减小沉积物被风吹损失，增加降雨入渗，减少水径流，增加可用水资源总量。同时，随着有机覆盖物腐烂，土壤的有机质和养分含量会增加。

（4）控制不良植物品种

在种植后可能需要采取措施控制它们。大部分外来（即引进的）品种，也包括许多本地品种，如快速将系统向单优势系统转变的植物（如香蒲属）。

对不良物种可能采取的防治措施包括焚烧、割草、用手或其他机械方式将植物根部铲除，以及施用除草剂。

当在修复过程中，未经管理的湿地可能会受到大量香蒲和芦苇等物种的入侵，这些物种往往形成单一的林分，影响野生物种的多样性。去除芦苇最好的方法可能是使用除草剂。

（5）除草的重要性

杂草控制是许多地区需要的关键植被维护活动。但杂草控制降低了覆盖值，可能会增加风和水对幼苗的损害，要因地区而异。

杀死杂草的最佳时间是在它们刚生的时候，大多数杂草在那个时候很容易控制。持续湿润的土壤通常需要更频繁的处理来控制杂草。

① 割草

割草的好处包括减少杂草和杂草种子的数量，使剩余的原生种子暴露在高温和光照下，以达到最大的萌发率，同时控制木本植物的入侵。

刈割对于湿润原湿地的管理是一个好的选择，可以控制河岸森林湿地中快速生长的杂草种类和缓慢生长的树苗之间的竞争，每年都需要割草，如果目的是最大限度地传播种子，那么可以在秋天割草；如果目标是最大限度地覆盖野生动物，那么可以在冬末割草，草甸植被应修剪到10cm的高度。

在森林湿地中不宜割草，因为割草极有可能损害树木幼苗，而且无法控制根区其他植物的竞争，割草也消除了小动物的保护层。

在亚热带森林湿地恢复项目中，笔者考察时看到大湾区中心广州南内区湿地，在树苗周围的原生红树林减少了竞争植物的数量，从而提高了树苗的生存和生长。

② 除草剂

在河岸湿地缓冲带，移植存活，特别是种植幼苗的存活，受到杂草、干旱和动物捕食的竞争的显著影响，控制杂草竞争的有效方法是使用适宜的除草剂。因此，湿地恢复项目的植被控制方案可能需要几种不同的除草剂，半衰期较短的除草剂通常是最安全和最可取的。

湿地恢复工程中使用除草剂控制杂草必须非常谨慎。应采取预防措施，严格限制喷雾，防止从预期效果的区域飘出。通过在大约1m宽的带施用除草剂，可以清除幼苗周围所具有竞争关系的植被，直到树冠层的发育消除了杂草物种的竞争。

在森林湿地中，一般在早春施用苗前除草剂，必要时再进行苗后处理，以控制杂草。

落叶和其他表面碎片的沉积，如果不及时清除，可能会伤害移植物或幼苗。

③ 维护湿地地形和水文

以下是一些有效的控制侵蚀的方法：

· 在温暖的南方气候下，香根草种植在细沟和沟谷中，以减缓径流和捕获沉积物。

· 使用岩石、沙袋、水泥袋等以减少局部地表径流。

以湿地中水位管理选定湿地物种的种子生产、发芽和演替，时间、水位下降和水浸的范围和持续时间，将视水文情况和湿地的物种组成或管理目标而定。例如，适当的时间水位降低可以促进萌发、刺激生长、延缓入侵物种或外来物种的生长，并显著减少恢复植被的数量和恢复所需的劳力。

水位下降对一年生滩地植物的萌发尤为重要。非海滩潮汐项目，在幼苗生长过程中，水位应保持在幼苗顶部以下。

④ 植物病虫害防治

大多数植物病害都是由微生物（如真菌、细菌和病毒）引起的，真菌尤为重要。单株植物可能表现出对某种特定疾病的易感性、耐受性、抗性或免疫力。

气候是疾病流行和控制的一个主要因素。在高湿度地区，发病率将高于低湿度和干燥天气的地区。病害往往是由先前的环境压力引起的，如不利的光线、温度或湿度。每一种植物都有其生长所需的最适、最小和最大的环境条件。新冠病毒也是如此，即环境传染。现在已证明在阴、湿、冷的环境中病毒存活时间长，危害大。

全世界已经鉴定出85万多种昆虫，其中许多对植物的生长有害。昆虫一般寿命较短，但也有能力以惊人的速度繁殖。昆虫的数量可能会激增，由于食物供应有限，随着天敌的发展而减少，或者由于极端气候条件减少了它们的数量。

⑤ 控制蚊虫

湿地工程地点适用的控制措施包括以下：

· 消除与主淀没有或连接有限的死水；

· 使用食蚊鱼（食蚊鱼）控制幼虫；

· 消除易生蚊子的狐猴、螺旋藻或其他漂浮物种；

· 不可使用杀虫剂。

在蚊子数量较少的地区，湿地计划应考虑采取简单而廉价的防蚊措施，包括识别和消除任何有可能积水和成为蚊子滋生地的结构或物体。这些潜在的繁殖地包括中空的树桩、废弃的罐头、瓶子和轮胎、树木繁茂的洼地等。

⑥ 防止火灾

火灾是湿地植物系统的一大危害，火有可能伤害或杀死几乎任何种类的植物。年轻的、多汁的和活跃生长的植被尤易受损。认为湿地不易发生火灾是完全错误的，我国扎龙湿地就在1990年发生严重火灾烧光大片植被，使“湿地”变成不毛的“干地”，笔者参与了修复规划。位于南美洲的世界大湿地潘塔纳尔湿地2020年发生创纪录的火灾，过火面积达到总面积的1/10，湿地中濒危物种生存堪忧，生物多样性遭到严重破坏。

2.4.5　森林中湿地恢复对策

森林是乔冠草一体的生态系统，所以“森林湿地”的分类是不确切的，但森林中的湿地的确十分重要。

（1）加强森林湿地原生树种及引进筛选的研究。根据森林湿地恢复的目标，以原生树种为主，选择适宜的树种是白洋淀湿地恢复成功的关键。目前，虽然对耐水湿地树种进行了一些调查及选育工作，但在实际恢复中应用的树种很少。国外如美国陆军工程兵团等单位，在这方面的研究比较成熟，不少树种都经过了长期的实践检验，但对我们不一定适用。因此，在对恢复生境调查和生物入侵研究的基础上，可引进一些耐水湿的树种以及淡水森林湿地植被恢复的适宜技术。

（2）加强物种间混种的最佳配置方式及物种之间兼容性研究。目前，我国森林湿地植被恢复模式一般多以纯林为主，物种多样性低，生态系统非常脆弱、功能不全，已经出现了较多弊端。混交林恢复模式是未来的发展趋势，但如何根据具体的环境条件，选择多树种的合理配置以达到生态效益和经济效益最大化是目前面临的最大挑战，其基本原则是“湿地贵在原生态”。

（3）进一步加强恢复种植方式、种群密度、苗木根部修剪、种群竞争控制、多物种配置等恢复技术的研究。这些措施都直接影响着苗木的生存率、生长率、恢复目标的实现及周期长度。我国目前有关这些方面详细的研究记录十分欠缺，对恢复措施的研究有利于提高我国淡水森林湿地，尤其是白洋淀植被恢复成功至关重要。

（4）开展长期定位观测。在森林湿地植被恢复中，对树种的生存率、生长率需进行长期观测，因为有些树种可能开始表现较好，但随着时间的推移，并不一定是适宜的恢复树种。即便是原生物种，由于环境和气候的突变也存在不适宜的可能性。只有开展长期定位观测，才能对不同模式湿地植被恢复所产生的效益进行正确的评价，才能推广。

（5）加强淡水森林（红树林属咸水森林）湿地恢复技术的总结和推广。开展淡水森林湿地恢复，不仅有利于改善我国大面积退化的森林湿地生态环境，而且在可采伐陆地天然林资源已经濒临枯竭的情况下，可在一定程度上弥补我国林木资源的缺口。同时，随着人民生活水平的提高和生态旅游业的发展，淡水森林湿地成为人们重要的旅游休闲之地，不仅丰富人民文化生活，而且能增加当地农民的收入和就业机会。要进行大面积的恢复淡水森林湿地，必须要鼓励当地农民积极参与，及时向他们宣传保护森林湿地的重要性，传授森林湿地植被恢复技术，才能使淡水森林湿地植被恢复技术推广。在白洋淀可形成有水、有陆，陆水交融，有林遮阳、有苇挡风的最佳旅游环境。

笔者对白洋淀的历史做了多年研究，20世纪30年代的白洋淀有90个淀，淀面宽阔，近360km^2，水量充沛，平均水深4m多，森林密布，水草肥美。

20世纪80年代初的白洋淀，淀面还应有300km^2，但因曾于1982年干淀而干涸，已经被沟汊切割成了143个淀，平均水深只有3m。淀边森林因日本兵围剿雁翎队，“大跃进”炼钢铁和20世纪80年代初的承包，砍伐得已剩不多。20世纪60年代，大量贩入北京的过冬菜菱角已经很少，北京餐桌上的鳗鱼已见不到。在淀中几乎无人下去游泳，说明水质的恶化。到20世纪80年代，基本上就是今天仅余下的100多平方公里，水深2～3m，水质Ⅴ类，森林已绝迹。

如上所述，白洋淀区造林对恢复白洋淀原生态乔灌草的生态系统十分重要。上述加强森林湿地原生树种及引进筛选的研究、加强物种间混种的最佳配置方式及物种之间兼容性研究、种群竞争控制研究、开展长期定位观测和在淀民中推广恢复技术都十分重要。

2.4.6 湿地的物种选择

决定在该湿地种植或播种以及下一步就是选择将被引入湿地的物种。物种的选择依靠获取有关植物材料的完整性、成本、条件和信息来源决定。当为湿地项目选择植物物种时，应使用迭代的方法，继续细化和缩小将引入湿地的潜在物种列表，物种的选择不仅与湿地特征相适应，而且与工程项目目标、设计标准和预算也相一致。

（1）“参考湿地”的概念

植物种类选择的依据是在自然参考湿地中发现的物种的自然组合。选参考湿地是修复和恢复湿地的重要方法，即与目前地球上同类的健康湿地比较。该方法和追溯项目湿地的生态史、现状资料调研并列为三大方法。参考湿地具有与即将恢复或创建的湿地相似的特征。参考湿地气候、水文、基质、能量水平和生物组合可以作为恢复湿地的模型。如果恢复或创建的湿地成功地再现了参考湿地的物理、水文和化学条件，那么选择相同的植物物种则是可取的。按参考湿地物种组合的组成和分布修复，不仅可以达到项目目标，而且植物的生存和生长也会更成功。

在为湿地项目选择植物品种时，应在现场选场地中试。物种选择必须考虑该物种是否自然出现在该地区，以及环境条件是否在物种的容忍度范围内。

（2）物种耐受性范围及分布

不同物种对洪水（深度、时间、频率和持续时间）、水质、盐度、土壤条件、温度、疾病、昆虫和其他环境条件有不同的耐受性，因此，选择适当的树种在湿地种植，依赖于了解特定物种的耐受性，这种耐受性与该地点的环境条件相匹配。

在树种选择过程中，应特别注意幼苗的耐涝性，因为这在湿地恢复中是最关键的。当水淹到根部时，这些植物的幼苗表现出完全或显著更高的存活率。完全淹水会阻断叶片与阳光和氧气的接触，比局部淹水更致命。

部分湿地物种对水质污染敏感。尤其是淡水沼泽物种，如20世纪30年代还遍布白洋淀的菱角是北京的三大冬菜之一，每年成百万斤运进北京，现在由于水污染，据我们的调查野生已绝迹。

物种分布取决于个体物种对环境条件变化的适应能力。有些湿地物种能适应多种环境条件。这些物种在地理分布中通常是相当广泛的，有的植物其分布范围涵盖整个大陆或半个地球，如芦苇和香蒲。

（3）植物种群

种群的动态维护以个体的繁殖、增长和死亡为表征。在一片湿地维持植物系统，必须至少能够平衡繁殖和死亡数。植物繁殖有两种基本方式，即植物繁殖和种子繁殖。

许多湿地植物种类都具有营养繁殖能力，许多灌木、木本科植物和草本植物产生新的个体或具有根茎、分蘖或匍匐茎的无性繁殖系。如果条件好，它们可以在没有种子的情况下大面积传播。这对湿地植物种群来说是一个明显的优势，因为水的存在通常会抑制种子的萌发。选择具有克隆传播能力的湿地植物种类，可以在有限种植时增加植被覆盖面积。无性繁殖通常在有足够的水分和空间供植株移入的地方最成功。

与自然环境类似，恢复后的湿地也需要自我维护，以实现长期可持续发展。选择的物种应能在该湿地持续繁殖，使湿地及其功能长期可持续发展。在某些情况下，在恢复的湿地上快速生长的1年生草本植物对于在湿地上建立临时覆盖物，为多年生物种提供更可接受的条件是很重要的。随着时间的推移，这些物种将被永久性的覆盖物种所取代，如多年生草本植物、豆科植物和牧草。可以选择有助于后期演替群落的物种。例如，在美国多地种植橡树，能建立一个下层植被环境，在中国和东南亚滩涂的红树林起同样的作用。

（4）多样性

建立多样化的湿地植被是湿地的既定目标。一个相对较大的物种数量构成的生物系统会增强其环境耐受性。随着时间的推移，新湿地将经历各种环境条件的波动，例如水位、温度和人为破坏，一些物种将无法存活，但另一些可能茁壮成长，种植多种多样的物种可以增加至少几种物种的成功机会。

此外，湿地植物种类的多样性对湿地提供和维持多种功能的能力至关重要。单一优势种的群落，价值有限，多元化种群的优点是很多的。例如，建立各种理想的物种将增加对资源的竞争，并限制外来物种。

湿地恢复/新建地点的植物多样性可通过以下方法增加：

① 种植不同数量的不同种类的植物；

② 乔灌草相结合草本植物、灌木、幼树和树种，漂浮水生植物、沉水水生植物或漂浮水植物并施；

③ 种植有不同生活史的品种（例如一年生、短命或长寿的多年生植物）。

在制定工程项目目标和设计标准时，应确定湿地的最佳多样性。自然地貌通过自然发展过程和生物对这些条件的适应，可反映出最佳多样性。选择适当的物种多样性是实现湿地计划目标的重要步骤。

这些考虑因素在针对早期退化的湿地的修复时尤其重要，要设法来管理演替。

（5）自然演替的管理

① 湿地种植的物种完全丧失以后的演替物种。

② 改变湿地环境条件。

③ 在选择种植品种时，应考虑湿地所需的植物群落。

④ 演替发展的自然成熟植物群落。

（6）湿地生态系统

湿地提供了一系列对人类和其他生物有价值的多种功能。湿地植物应选择能达到湿地的预期功能，最大限度地实现功能，在一年中适当的时间提供功能。

所选的植物应具有广泛的地下根系和根茎系统，并且易于成活。草特别适合于稳定的湿地土壤，并提供快速密集和持久的地面覆盖。草的密集纤维状根系能固定土壤，并使地表水能更快地渗透。许多禾草有通过地表和地下的蔓生植物（匍匐茎和根茎）迅速扩展自己的能力。

在选择种植植物品种时，既要考虑个别树种满足所需功能的能力，又要考虑组合树种（即混交林）满足所需功能的能力。此外，物种的选择也应该是兼容的，以实现或执行多种功能。

2.4.7 外来物种问题

外来物种是从其他地区引进的物种。由于新地域消除了控制这些物种的自然机制——如天敌，外来物种往往成为有害物种，变得相当难以控制。

（1）水葫芦的典型事例

水葫芦，来自巴西，但在当地的生长受到抑制，因为有一种昆虫食水葫芦籽，而达到生态平衡。引入中国后没有这种昆虫，如在太湖，使水葫芦疯长为害。当笔者把这一亲自调查结果报告有关部门时，有专家曾建议引入这种昆虫，这种非与自然和谐的设想当然是不可行的。

水葫芦又叫凤眼蓝、水浮莲，是一种原产南美洲的水面浮生植物。须根发达，棕黑色。茎极短，匍匐枝淡绿色。叶片圆形，表面深绿色。花色为淡紫色。水葫芦喜欢生于浅水中，在流速不大的水体中也能够生长，随水漂流。繁殖迅速。尤其是在受污染的水中，致使水面被大面积覆盖，使水中缺氧、缺光照，导致水生动植物死亡。广布于中国长江、黄河流域及华南各省。

20世纪50年代，我国从南美引进水葫芦，广泛放养于南方的乡村河塘。水葫芦是世界上生长、繁殖最快的水生植物之一，一株水葫芦6天内生长面积可扩展1倍。引进后水葫芦开始在池塘、河边、湖边疯狂地生长。

随着水葫芦生长的面积越来越大，后来滇池、太湖、黄浦江及武汉东湖等全国18个城市著名水体均出现水葫芦泛滥成灾的情况，无论是内河，还是池塘，几乎随处都能看到水葫芦的影子。在一些污染严重的水域，水葫芦能吸附水中的重金属等有毒物质，死亡后沉入水底，造成水质的二次污染，不仅破坏水生生态系统，还威胁水中生活的各类生物。另外，水葫芦覆盖在水面上，不但影响生活用水，还孳生蚊虫，严重影响了生物平衡和人们的生活，我国有很多地区都受到了水葫芦的灾害。

国家为了改善各大湖泊的水质，已开始将这些水葫芦全部收集起来，化害为利、变废为宝，用它来制作一种植物肥料的原材料。一方面减少了水葫芦对水域环境的污染，另一方面为农作物的生产提供优良的有机绿肥。其实被加工过的水葫芦在我们的日常生活中经常看到，我们现在买的花卉盆栽中的土中就含有被加工过的水葫芦。

（2）如何消除不理想生态物种

不理想的植物多是入侵性的，多产的，快速生长的，通常是外来物种，能够快速繁殖和控制一个地方的植被，如中国湿地的欧洲黑杨。植物要生根，就必须有一个能让幼苗生根的物理场地，以及可供新植物继续生长和发育的资源。当地的植被如果建立得很好，就能在竞争中战胜入侵物种。滋扰性植物可能数量较少，但随着它们的扩散，将成为一个问题。在裸露土壤营养输入（如农业径流）或排水、长时间的洪水干扰而改变植被的地方，滋扰植物通常会占据主导地位。有害的植物种类一旦形成，就会扩展到几乎100%的覆盖范围，减少植被的自然多样性。

① 消除的方法

如果在现场的植被和种子库中发现有害物种，建议在进一步的植被管理之前，采用管理技术来控制有害的植被。如果不良品种的种子以可观的密度存在，管理技术应以幼苗的出苗为目标。例如，一个地点可以在种子发芽后轻轻耙地，把幼苗从土壤中带走，多次处理减少有害物种入侵的可能性；如果种子不耐淹，可以暂时淹没该部位，直到种子腐烂和丧失活力；已批准用于水生系统的发芽前除草剂可在苗木出现时消除它们；刈割减少了现有有害植物的生物量，这些处理是必要的，以允许更多的理想物种生长和成为优势种。

② 适当的组成、密度和覆盖度

湿地修复和恢复项目的目标应包括预期植被的指标，最好有物种清单，以及在指定时间内预期覆盖面积的密度或百分比，而使项目成功。

要考虑已经存在于湿地和种子库的理想物种的组成是否足够。如果没有足够的物种补足，应该调查自然定植的可能性，或种植或播种。如果种的补足量足够，则需要考虑可能的覆盖范围。

现有植物和种子在项目湿地上生长和增加其覆盖范围的潜力取决于几个因素：

a. 设计的条件是否对植物生长最优？应估计健康植物的扩散速率，如水文、营养、竞争和保证生长等，而根茎禾草、其他草本植物和一些灌木的湿地项目种植覆盖率低于5%，应在不到3年的时间内通过植物扩展达到50%的覆盖率。但是，非根茎的物种，如丛生草和以小枝形式种植的草类物种，传播较慢。

b. 影响现场植物潜在生长的第二个因素是树林目前的健康状况。对这些植物的检验应表明它们在目前条件下是否有生长能力。如果植物看起来很虚弱（例如，叶色变黄或稀疏），严重受损（例如，叶、枝或根的过度丧失），或被抑制，如果不进行一些管理干预，恢复和生长的可能性很小。生长不良可能反映了不良的立地条件，应进行现场分析，以确定限制现有植被生长的因素。在湿地恢复或修建项目上，可以使用诸如排除食草动物、添加肥料和/或修正pH值、控制侵蚀和改变水文等管理方法来改善植物生长条件。

c. 如湿地修复或重建项目地点的植物种类及/或覆盖物不足，则可利用附近的植物在该地点自然移植，使其在项目地点得以生长。

对于种子和营养繁殖体萌发和成长的湿地条件适宜性，可以根据定植物种的需求和耐受性，与湿地的水文、土壤条件和植被来确定。

（3）对自然恢复的限制

① 地形：陡峭的斜坡可能会阻碍大量物种在一个地区定居。陡坡增加了径流量，并可能导致撒播到现场的种子冲走。基地与周围环境之间的海拔突然和急剧升高，可能会对繁殖体向基地的传播形成物理屏障，特别是对那些依赖于风传播的物种。

② 水流和波浪能：水流和波浪会干扰幼苗和其他繁殖体的建立，从而阻碍河岸和边缘湿地的定植。种子和营养繁殖体必须有稳定的沉积物，使根发育以固定植物。

③ 散布速率：在裸露的地点，如沙洲，柳树和杨树或白杨树种子随风传播到新的地点很快。

④ 来自现有植被的竞争：在一个地点建立植被，当一个或几个侵入性物种存在，并可能排除所有其他物种。

⑤ 改良水文：一个湿地的水文已被改良，在选择自然定植作为建立方法之前，可能需要对水文变化的程度进行审查。例如，对于洪水，淹水时间、频率、持续时间和深度的改变都会影响种子库中物种的存活。种子库中的物种或从邻近地点分散开来的繁殖体在一个地点定居的能力将取决于单个物种对新的水文状况的耐受性。

⑥ 时间：自然定植可能需要数年才能达到所需的物种组合和覆盖。虽然许多物种可以在没有人类直接干预的情况下在一个湿地上建立，但在所需的覆盖物上实现所需的组合所需的时间可能相当长，特别是在湿地的自然条件被扰乱、改变的场所。

2.4.8　生物多样性是人与自然生命共同体的重要基础

生物多样性（Biodiversity）的含义包括生命有机体及其赖以生存的生态综合体的多样化和变异性。植物多样性是指植物在生长发育与环境中相互依存所构成的特定群落关系与其生态系统，其研究的重点是植物群落在生长发育中与其环境之间相互作用而构成的生态系统，及环境对它的影响，从而达到既保护自然环境又充分利用植物资源的目标。动物多样性的含义与植物多样性基本相同。但动物是可迁徙的，所以有几点不同。动物群落分定居、半定居、迁徙和候鸟分类。前三类物种不多，而迁徙的禽类在鸟类中占了主要部分。湿地鸟类又是湿地野生动物中最具代表性的类群，根据居留型又可将其分为夏候鸟、冬候鸟、留鸟和候鸟4类，所以国际上特别制定了《关于特别是作为水禽栖息地的国际重要湿地公约》。

物种丰富度是生物多样性最基础和最关键的层次，且物种丰富度常用来表示物种多样性。在生物多样性与生态系统功能关系的大多数研究中，常用物种的数目或基因数目（即物种丰富度）来代替生物多样性。

生态系统功能是指生态系统作为一个开放系统，其内部及其与外部环境之间所发生的物质循环、能量流动和信息传递的总称。其主要研究生态系统的生产力变化、系统稳定性和营养物质动态。生态系统功能最终总是通过物种来实现的。

功能群，是指能对某一生态特定系统功能（或生态变化过程）产生一致影响，或对特定环境因素有相似反应的一类物种，常用于研究物种丰富度对生态系统功能的影响。植物功能群是具有确定的植物功能特征的一系列植物组合，是研究植被随环境动态变化的基本单元。功能群丰富度是指功能群的数目，且等同于功能群多样性。

生态系统功能不仅依赖于物种的数目（即物种丰富度），而且依赖于物种所具有的功能特征（即物种功能群）。Tilman等（1997年）在Cedar Creek Natural History Area进行的草地群落植物多样性与生态系统功能关系研究的实验中，将植物分为豆科植物、C_3草本植物、C_4草本植物、木本植物和非禾本科草类植物5个功能群。

生态系统生产力水平是生态系统功能的重要表现形式，而植物群落生产力则是湿地生态系统生产力的基础。研究植物多样性对生态系统功能的作用有重要意义。

许多研究表明植物物种丰富度与生产力密切相关，但并不是随物种丰富度而线性增加。在物种丰富度水平中等时达到最大，之后随物种丰富度的继续增加而下降。

2.5　湿地野生动物系统修复

各种动物物种都在湿地定居和栖息，并形成湿地的一个子系统。虽然修复湿地的重点是植被，但动物物种发挥着重要的维持功能，影响着湿地长期的状态和生存能力。特别应该注意的是原生态湿地系统分类只是一部分，有许多大型脊椎动物如大象、河马、狮子、老虎、各种鹿（如麋鹿）生存。因此，在工程规划过程中，它们的存在不能被忽视。

2.5.1　湿地动物多样性

湿地永久动物“居民”，大型脊椎动物不多，但临时和阶段性“居民”很大，复杂动物的家园研究，不是野生动物系统修复规划力所能及的，这里只写出一些常见的事例。

动物的行为十分敏感。动物的生存依赖于对威胁的早期识别。小型啮齿动物通常需要地面覆盖物来躲藏，或掩护逃生路线。鸟类可能需要高处栖息以躲避威胁或寻找猎物。

通过规划走廊将湿地与其他野生动物区域连接起来，可使动物移入，走廊要创造连接野生动物区域的安全通道，水深必须与物种相适应。麝鼠喜欢栖息在3m深的地方，而某些鸭子和岸鸟不能在30cm深的水里进食。

越冬栖息的鸟类是湿地最重要的动物物种，它们主要栖息在湿地岛屿上，湿地岛屿的布局不应是随意的，因为许多物种对吸引和能见度都很敏感，岛屿要提供筑巢、栖息和闲逛的地方，它决定了越冬鸟类的多样性。

多样性是现有物种的数目，复杂性是物种之间相互关系的复杂程度。生产者是那些通过光合作用生产食物的物种，主要消费者以这些物种为食，高级消费者依赖于低级消费者，也可能是生产者，以此类推。虽然对大多数湿地来说，最初的重点是植物的生长，但长期的成功将包括植物和动物之间复杂的相互关系。

湿地支撑着丰富多样的动物群落。湿地植被为许多淡水无脊椎动物提供了营养来源、覆盖层、进食和产卵表面以及运动的场所。无脊椎动物在湿地或海滨浅滩上的高生产力依赖于浅滩湿地的环境，在浅滩湿地，藻类为许多淡水和咸水鱼类提供营养支持。湿地悬水植物为幼鱼群落提供了重要的栖息地。与湿地相关的鸟类，基于它们的流动性、视野和不同的栖息地利用模式，决定群体的栖息地多样性和质量要求。

（1）大型无脊椎动物

湿地大型无脊椎动物丰度和多样性的定量研究是直接评价湿地水生生物多样性的必要手段，这种定量研究将有助于大型无脊椎动物群落组成，并判断湿地质量。动物多样性指数也应用于湿地评价。目前评估湿地功能成功程度的方法是与精心挑选的参考湿地（如香港地区的湿地公园）的大型无脊椎动物群落特征进行比较。

淡水中的主要分类和群包括昆虫、环节动物、软体动物、扁虫、线虫和甲壳动物。在海水中，主要的分类是软体动物、甲壳动物、腔肠动物、多孔动物和苔藓动物。物种的丰度随季节变化很大，特别是在淡水环境中，这应该在工程设计取样计划时考虑。

大型无脊椎动物是食物链的重要成员，大型无脊椎动物评估取样地点的选择可以是系统的，也可以是随机的。可以一段固定的时间间隔对湿地进行横断面取样，这种技术在绘制和划定环境类型方面十分有用。另一种形式的系统抽样是有意识地选择可识别的栖息地集中取样。

湿地应该被划分为不同的栖息地类型，如潜育层、干地、水面、水中和入海口，然后在每个环境类型内进行随机抽样。也可以采取系统随机抽样，例如，取样带或数字化的网格单元阵列。

大型无脊椎动物的密度和多样性都可以通过定量取样方法的结果来评估。大于1000个/m^2说明丰度可以用每平方米的个体数量，或者用每平方米的生物量来考量。

（2）鱼类

可以采取多种取样方法来定性或定量地评估水生环境中鱼类的丰度和多样性。主要是大多数湿地的浅水环境的定性和定量方法。要特别强调对这种环境中幼鱼和仔鱼的评估，因为湿地的产卵和饲养功能往往是湿地对鱼类种群健康贡献的最重要方面。

（3）禽类

在湿地栖息的禽类达数百种，有许多是濒危物种，如丹顶鹤，有许多专门研究，在这里就不赘述了。

2.5.2　野生生物多样性和丰富度

许多鸟类、哺乳动物、两栖动物和爬行动物，包括相当比例的受威胁和濒危物种，在其整个或部分生命周期中都依赖湿地提供营养和栖息地。到目前为止，大多数关于湿地野生动物的研究都集中在水禽身上。

为野生动物多样性和丰富性提供机会，包括：广泛的植被类型、水深、流速、水文周期、高的地下水排泄率和丰富的植被覆盖，从而促进了多种野生动物种群的形成和维系。所以，湿地的一部分应该全年都有水。

野生动物的多样性和丰富性与三种不同的水禽活动有关：繁殖、迁徙和越冬。水文周期、水深、植被覆盖密度和其他设计考虑因素可能因这三种活动而有所不同。

湿地动物河狸在潜育层筑巢，河狸用小树苗、树枝或梢料相互交错地叠置在小河河道中形成一种坝，在坝的底部用的是较粗的树枝。一开始坝体是透水的，但很快就会被河道中向下游运动的泥沙、小石块、泥土以及残枝烂叶填塞，从而起到挡水的作用，并形成许多小水库。

水羚（学名：Kobus Ellipsiprymnus）是一种生活在西非、中非、东非及南非湿地的羚羊。体型中等，身高190 ~ 210cm，体重160 ~ 240kg。毛皮褐红色，随着年龄增大而转暗。在气管附近有白色的围兜，尾巴处有白色的围圈。仅雄性有角，角长而多脊，呈螺旋形并向后弯曲。水羚多生活于沼泽等潮湿地带，会在灌木林及大草原近水的地方吃草。

2.5.3　野生动物对湿地影响

野生动物和水禽对植被的影响或破坏可能有严重的后果。在可能造成动物破坏新种植地点应采取防治措施。潜在的控制方法包括用围栏隔离动物，诱捕和移走动物，在离可能被破坏的物种足够远的地方设置场地，以及规划措施或项目以避免已知的虫害问题。

水禽（如加拿大鹅）和小型哺乳动物（如麝鼠）有时消耗大量沼泽和水生植物，但很少对已建立的林木造成永久性破坏。然而，随着新的种植，这些动物中的许多可能成为严重的问题。已知加拿大鹅、鸭子和其他水禽会通过食草和连根拔起植物造成严重的掠夺。麝鼠广泛以茎和地下块茎为食，并且可能破坏土堤和堤坝的完整性。

水禽容易破坏庄稼和植被，邻近的粮食农场和居民区可能会受到影响。设计应符合管理机构规定的区域计划。在信息收集阶段，应征求地方政府的环境政策和当地企业和农户的意见。一个包含生态、经济、法律和社会影响的系统规划方法将提高项目的公众接受度，并明确责任。

大型动物，如海狸，可以对新植物和已建立的植物产生毁灭性的影响。此外，海狸有可能通过改变场地的水文状况，对项目的成功产生不利影响。

一般来说，野生物种倾向集中孤立的植物或单个的植被丛中，而不是影响一个统一的植被。通过在场地迅速建立统一的地面覆盖物，可以尽量减少野生动物的掠夺对植被的破坏。可能需要用栅栏把野生动物从新种植的区域围起来，以减少或消除野生动物的掠夺行为。

在南部的低地硬木恢复工程中，为了防止啮齿动物的捕食和破坏，人们对橡子进行了各种驱蚊剂的处理，但是使用这些驱蚊剂基本上没有对啮齿动物的捕食起到实际的控制作用。

野生动物（如猪和马）可以破坏新种植的植被或通过过度放牧、践踏或连根拔起改变正常的连续模式。这些压力因地区和湿地类型而异。当考虑控制放牧是否可取时，可能需要对一些权衡进行评估。例如，众所周知，放牧会影响恢复的沼泽的优势格局、物种组成和生物量，但放牧对阻止木本灌丛形成物种的生长是有益的，如柳树。

2.6　湿地生态修复实地调研与执行案例分析

笔者主持了多处湿地生态修复的实地调研和执行。

2.6.1　圆明园福海湿地恢复的问题解答

笔者曾任国务院新闻办公室国际局副局长、代局长，在任全国节水办公室常务副主任管全国水资源配置期间，婉拒了中央电视台和北京电视台除所管水资源外的所有节目。2001年做了一期北京水的节目，最早提出了恢复圆明园福海湿地争论的解决办法。

（1）福海要不要衬砌？

北京就圆明园水面恢复是否要衬砌引起争论，笔者对这片湿地的修复做了如下回答：“圆明园福海在北京历史上就是海淀大湿地中的一片湿地，作为皇家园林得到很好的保护。以生态工程的理论分析，这个问题不难解决。和北京城区一样，海淀区地下水位下降严重，如果不衬砌就向园内的福海注水，等于以小小的福海来回补海淀区的地下水，显然是不合理的，圆明园作为一个企业来说更不可能承担。但是，如果砌成水泥底，那就不是恢复圆明园生态，而是造游泳池，显然不符合生态原理。所以，最恰当的办法就是建成略夯实的黏土底，既恢复了水面，又使圆明园可以经营，这也说明了对生态工程的理解及其意义。”

此前没有在公共媒体上看到过类似的观点和文章，但事后几个月，有单位做出的工程方案正是这样做的。

（2）京密运河要不要衬砌？

国内外城镇中都发生砌衬河道或运河是否破坏生态平衡的争论。这类问题的解决要做定量的应用系统分析，计算城镇中有百分之几的河道衬砌是不会影响水生态平衡的。国外在许多人工运河类的人工生态系统中都做了衬砌，因总量很小也不会影响生态平衡。城镇地表不能全面硬化，水底更不能全面硬化，所以应严格控制硬化的比例。日本京都在公元9世纪建设护城河时已经明白了这个道理，在河底实行了分段局部衬砌。

（3）北京是种树还是种草？

历史上，北京曾有大片的草地，长城以外有大片优质牧场。历史上的北京成为北疆少数民族进入中原的门户，战争时期军队的破坏，少数民族入驻后的过度放牧，都对北京草原造成了极大地破坏。金代以后，北京成为大一统国家的首都，经济不断发展，人口不断增加。为了应对人口增加带来的压力，加大了对草原的无序开垦，草原面积逐渐萎缩。同时，随着人口的增长和城市的发展，草原被逐渐开垦为农田，草原在北京逐渐消失。

历史上北京长城外的好牧场现在多已改为农田，从而将牧区北推，在草质不好、气候不利的地区过度放牧，这不仅违反生态规律的发展，也是北京缺水的重要原因。所以应科学规划，逐步恢复北京的草原，修复“山水林田湖草”的自然生态。

在北京城市建设中，有过种树还是种草的争论。实际上应该参照生态历史，本着宜草则草、宜林则林的原则，草林结合，修复北京生态系统。北京处于温带季风气候的半湿润地区，原有的是乔、灌、草相结合的植被，由于人口过多，地下水位连年下降，目前只相当于半湿润地区的下缘，难以维持半湿润地区的草地。因此，北京的人工植被应该以耐旱树种和灌木为主，适当维持草地，同时要选择耐旱草种，这是最经济的绿化办法。其实，最好的参照物是当地原始的或次生的植被系统，从北京周围的山区来看，应该是乔灌草相结合的植被系统。香山是自然生长而且维系了500年以上的次生林系统，可以认为是准原生态系统，香山的乔灌草相结合的植被系统，就是北京植被生态修复的样板。事后证明这是专家共识的结论。

2.6.2　东深供水改造工程

香港地区地处广东珠江口东侧，南海北岸，在深圳河以南包括香港岛、九龙和“新界”及附近230多个大小岛屿。尽管是亚热带湿润气候，年平均降雨达2200mm，水资源总量仅约为1.7亿m^3，但每平方千米人口达0.59万，人均水资源量为25m^3，远远达不到维持可持续发展的最低水量人均300m^3的标准。因此，依靠外来水源是必然结果，来路有两个，一是大陆供水，二是海水淡化，目前看来从大陆供水水价仅为海水淡化的1/4，是比较经济的办法。

笔者曾前后四次到香港地区，深感香港地区的工作效率之高和经济活力之强，但是土地和水资源是香港地区可持续发展的制约因素。土地是不可调配资源，只能通过提高单位面积土地的利用效率和效益来解决问题。水是可调配资源，所以除了同样要提高单位水利用的效率和效益以外，补充调水是一个重要手段。不但解决水量问题，还要解决水质问题。也要解决生态湿地保护问题。基于这些认识，笔者积极支持和参与了东深供水改造工程。

（1）东深供水工程概况

早在1963年香港地区遇大旱时，周恩来总理就关心香港地区的供水问题。1964年2月，东深供水工程正式动工，并于1965年建成，当时每年向香港地区供水6820万m^3。

所谓东深供水工程，就是引珠江的东支流东江的水源，通过深圳向香港地区供水。随着香港地区经济的发展，需水量不断增大。应香港地区政府要求，于1974～1978年进行第一期扩建工程，对香港地区每年供水量增加到1.68亿m^3；1981～1987年进行二期扩建工程，对香港地区每年供水量达6.2亿m^3。三期扩建工程于1990年9月动工，1994年1月全线通水；三期工程建成后年总供水规模为17.43亿m^3，其中向香港地区供原水11亿m^3（供深圳原水4.93亿m^3，沿线用水量1.5亿m^3）。工程设计供水能力80.2 m^3/s。

笔者参与主持规划的这次东深供水改造工程实际上是东深供水的第四期工程，自2000年8月28日动工，至6月28日全线完工，总投资49亿元。改造后给香港地区增加供水11.0亿m^3，深圳供水8.7亿m^3，东莞供水24.2亿m^3，工程设计供水能力100 m^3/s，即全流量30亿m^3/a。

东深供水改造工程给香港地区的供水量并没有增加，但是水质大大提高，保证向香港地区供Ⅱ～Ⅲ类的原水，符合进入自来水厂的原水的国际标准，把水质提高了一类到一类半。水质之所以有如此大的改善是由于把过去利用石马河天然河道敞开式的输水，改造为基本封闭式的管道输水，不仅拦截了向输水排放的污染，而且使污水与输水立体交叉，清浊分明。

东深供水改造工程在工程上是一个创举，它采用了多项国际水平的先进技术，如建成总长3.9km的世界同类型最大的现浇预应力混凝土U形簿壳渡槽，长达3.4 km的现浇环后张无粘结预应力混凝土地下埋管和液压式全调节立轴抽芯式混流泵等，在工程质量和工程管理上也达到了前所未有的高水平。

当年东深供水改造工程为香港670万人民、深圳400万人民（现已2000万）和东莞150

万人民提供良好质量的供水，使三地人民有更高的生活质量和发展高技术产业的水资源基础，是有划时代意义的。

（2）东深供水改造工程保住了香港地区米埔和江西南部湿地

① 保住香港地区的著名国际湿地

在东深供水改造工程以前，香港地区要大量抽地表水和地下水进自来水厂多级处理，才能达到饮用水标准，产生大量废水，水的利用效率很低，在工程实施以后，自来水厂直接进Ⅱ～Ⅲ类的达标原水，大大减少了地表水和地下水的抽取，保住了国际著名的米埔湿地。

香港米埔—后海湾湿地位于我国香港地区新界西北后海湾畔，与广东省深圳市交界，总面积1500hm^2。湿地区内主要有鱼/虾池塘和湖间带滩涂等湿地类型。主要保护对象为鸟类及其栖息地。

香港米埔—后海湾湿地在天然浅水河口三角洲地带是国际重要保护湿地之一。米埔湿地位于新界西北面的米埔，濒临后海湾，属滨海湿地，是大量野生生物的天堂，香港地区政府于1976年把米埔列为“具特殊科学价值地点”。为确保其管理得宜，自1984年起把这片土地交给世界自然（香港）基金会代为管理，但由于香港地区水源紧张，米埔湿地受严重影响。

东深供水改造工程以后，水源充足，380hm^{2}红树林极具生态价值，哺乳类动物17种；鸟类360种；爬行类21种；两栖类7种；鱼类40种；昆虫400种，其中蝴蝶50种；海洋无脊椎动物90种；高等植物190种。300余种鸟类中有14种属全球濒危种，特别是东方白鹤、黑脸琵鹭和小青脚鹬3种为世界濒危鸟类，在米埔湿地内栖息的数目超过全球总数的1%或以上，其中黑脸琵鹭占全球总数的30%。米埔湿地是越冬水鸟和迁飞候鸟的重要中途站，每年冬季停留在这里的水鸟约为55000只，全年水鸟数目逾10万只。这些珍稀的湿地动植物都得到更好的保护。

② 东江上游的“猪沼果工程”

东江的上游在江西南部和广东北部地区，江西寻乌、安远和定南三县的寻乌水和定南水是东江的源头，为保证东深供水改造工程的水源，在那里进行的“猪沼果工程”保护江西湿地水源和粤北枫树坝水库湿地。“猪沼果工程”就是在这一传统养猪地区的湿地办沼气站，植果树林。以猪粪便产生沼气，成为当地农民的燃料，再把产生沼气后的残渣制成优质有机肥料作为果林的肥源。这样，猪粪便集中处理，不再污染水源；农民用沼气，不再砍柴割草做燃料，保住了植被，防止水土流失的污染；沼气残渣肥料又使果林扩大，进行水土保持，自然降解的有机肥，还避免化肥的污染，为湿地水源地保持了良好的生态系统。

2.6.3　中国盐城世界自然遗产地调研

2020年12月14日，笔者率调研组，在盐城市申遗办、林草局相关领导的陪同下对盐城湿地调研，听取了盐城世界自然遗产黄海湿地自然保护区的生态保护等情况。

（1）盐城世界自然遗产黄海湿地自然保护区概况

盐城因湿地辽阔而闻名，其市域东部拥有太平洋西海岸、亚洲大陆边缘最大的海岸型湿地，面积5.12万km^2（680多万亩），占江苏省滩涂总面积的7/10，占中国滩涂湿地面积的1/7，被誉为“东方湿地之都”，2019年盐城中国黄（渤）海候鸟栖息地被授予《世界自然遗产》标牌。

在沿海滩涂上，建有国家级珍禽自然保护区和大丰麋鹿国家级自然保护区，它们均被列入中国第二批《国际湿地公约》重要湿地名录。中国黄（渤）海候鸟栖息地，已成为世界上最为多样、富饶的海岸之一；也是东亚-澳大利西亚这一世界上最为重要的候鸟迁徙路线上的关键鸟类栖息地，是世界上一些最受关注的濒危物种的关键停歇地、越冬地或繁殖地。这些物种包括全球仅存百余只的中华凤头燕鸥，全球仅存数百只的勺嘴鹬，全球野生迁徙种群仅存一千余只的丹顶鹤，以及全球几乎所有的小青脚鹬、大滨鹬和大杓鹬（图2-4）。

（2）盐城黄海湿地自然保护区动物多样性

江苏盐城南部候鸟栖息地和江苏盐城北部候鸟栖息地涉及大丰麋鹿国家级自然保护区和盐城湿地珍禽国家级自然保护区，均已列入国际重要湿地名录。盐城湿地珍禽国家级自然保护区已加入联合国教科文组织人与生物圈保护区网络，是国际上保存最完好的原生潮间带滩涂湿地之一。该区域拥有丰富的动物多样性，是东亚-澳大利西亚迁徙路线上数百万迁飞水鸟的必经地带，为迁徙候鸟提供重要的栖息地、繁殖地、越冬地和停歇地。

（3）代表性动物

黄海湿地动物以越冬鸟类为主，还有中国特有的大型脊椎动物麋鹿，与非洲的湿地羚是地球上湿地特有的两种大型动物。

图2-4　每年有占世界野生种群50%以上的丹顶鹤达千余只来盐城珍禽保护区越冬

① 鸟类

江苏盐城南部候鸟栖息地和江苏盐城北部候鸟栖息地2017年共记录到鸟类405种，其中留鸟36种，占总鸟类种类数的8.67%；夏候鸟60种，占14.46%；冬候鸟123种，占29.46%；旅鸟210种，占50.60%。在提名地内繁殖的鸟类66种，占鸟类总种类数的15.90%。在IUCN濒危物种红色名录中，保护区内有极危种（CR）3种，濒危种（EN）8种，易危种（VU）12种，共计23种。

江苏盐城北部候鸟栖息地是中国国家一级保护动物丹顶鹤的重要越冬地之一，在此越冬的丹顶鹤种群数量达该物种全球种群数量的40%～55%；也是全球易危（VU）物种黑嘴鸥重要的繁殖地和越冬地之一；黑脸琵鹭种群超过全球种群数量10%。江苏盐城南部候鸟栖息地和江苏盐城北部候鸟栖息地多次发现极危物种勺嘴鹬，该物种全球数量不超过200对。

② 麋鹿及其他哺乳动物

江苏盐城南部候鸟栖息地和江苏盐城北部候鸟栖息地共分布有哺乳动物物种。江苏盐城南部候鸟栖息地为世界濒危动物麋鹿提供了原生区域的天然栖息地，拥有目前世界上1/3以上的野生麋鹿，是世界上最大的麋鹿种群，是“湿地贵在原生态”在动植物方面的最有效恢复实践（图2-5）。通过“引种扩群”“行为再塑”“野生放归”三个阶段，成功实现野化。2017年，仅江苏盐城南部候鸟栖息地内麋鹿的数量就已经高达4101余头，其中野放种群846头，其繁殖率、存活率、年递增率均居世界之首，是地区种群灭绝后在原地重新引进并野化的国际生物多样性保护成功典范。

图2-5　江苏盐城南部候鸟栖息地江苏大丰麋鹿国家级自然保护区，已有4000余只世界濒危动物麋鹿生活在这里

③ 鱼类及底栖生物

江苏盐城南部候鸟栖息地和江苏盐城北部候鸟栖息地内共分布有鱼类216种，主要为近海或洄游型物种，其中有14种为IUCN红色名录物种（图2-6）。提名地共分布有底栖动物165种。底栖动物在湿地生态系统中发挥着物质转化和能量传递作用，十分关键，底栖动物也是众多迁徙水鸟的主要食物来源，决定了鸟类数量。

（4）植物系统与动物系统修复的关系

植物物种的数量和自然生态系统的结构复杂性通常促进野生动物物种丰富度，特别是鸟类。

湿地类型的多样性有助于野生动物。不同的植物物种和水文条件为动物的不同生活史阶段提供了所需的栖息地，如摄食、过冬和繁殖。而种群间的迁移有助于保持遗传多样性和局部灭绝物种的重生。

图2–6　笔者（左起第2人）一行乘船考察生物多样性，并听取盐城湿地生态保护汇报

为水鸟栖息地选择湿地物种，包括为筑巢或越冬食物选择适当的物种，以及为大部分水鸟栖息地选择适当的物种，每种水鸟都有不同的要求。应选择一定数量的营养种属，以满足水禽全年的种属需要。了解目标水禽物种生存的生物需求对于选择合适的物种来维持所需的湿地功能是很重要的。

如果修复后的湿地也为水生物种提供栖息地，这些相同的植物物种可能会形成单一种群，可能阻止其他物种的存活，而这些物种可能有更高的覆盖价值、食物或栖息地。

野生动物和水禽对植被的影响，应采取防治措施。

潜在的控制方法包括用围栏隔离动物，诱捕和移走动物。

水禽和小型哺乳动物有时消耗大量湿地水生植物，但很少对已建立的林木造成永久性破坏。

大型动物，如河狸，可以对新植物和已建立的植物产生毁灭性的影响。此外，海狸有可能通过改变湿地的水文状况，对项目的成功产生不利影响。

野生物种倾向于集中于孤立的植物或单个的植被丛，而不是影响一个统一的植被。通过在湿地迅速建立统一的地面覆盖物，可以尽量减少野生动物的掠夺对植被的破坏。需要用栅栏把野生动物从新种植的区域围起来，以减少或消除野生动物的侵害行为。

家畜可以破坏新种植的植被。

2.6.4　云南大理洱海保护治理调研

2020年11月11～12日，笔者率调研组，对大理洱海湿地的保护治理调研。

（1）调研目的和洱海概况

从香格里拉的泸沽湖到大理的洱海，再到滇池至抚仙湖是我国湿地第三纵被青藏高原隔断的南半部。洱海的边缘是湿地，已建立了洱源县西湖国家湿地公园和茈碧湖草海湿地公园。但洱海的湿地部分有多大，有什么特性，如何针对湿地特性保护和利用是本次调研的目的。

洱海面积256.5 km^2，平均水深11.7m，主要部分是湖泊，边缘已退化为湿地。洱海水产资源丰富，盛产鲤鱼、弓鱼、鳔鱼、细鳞鱼、鲫鱼、草鱼、鲢鱼、青鱼、虾、蟹等10余种。

水生植物有海菜花、菰（茭笋）、慈姑、荸荠等，珍稀水禽有棕头鸥、一翘鼻麻鸭、灰鹤、普通秧鸡、红胸田鸡、黑水鸭、彩鹬、凤头麦鸡、灰鹬、红嘴鸥、银鸥灰背鸥等34种。

（2）大理洱海保护治理指导思想

2015年1月，习近平总书记到大理视察，做出了“一定要把洱海保护好”的重要指示。经过5年多的努力，洱海保护治理取得了阶段性重要成效。一是水质明显改善，近5年均未发生规模化蓝藻水华。二是洱海水生态系统修复取得进展，水体透明度明显上升。三是截污治污成效显著，流域“两污”基本实现全收集、全处理。四是绿色生产生活方式逐步形成。五是生态文明理念深入人心。

2020年1月，习近平总书记时隔5年再次到云南考察时，发表了重要讲话，在讲话中也充分肯定了大理州的洱海保护治理工作。这是我们一行实地学习的好机会。

大理州政府对调研团队表示，坚持笔者在水利部时提出的“宜林则林，宜灌则灌”主张，加快实施环洱海流域生态修复和湖滨缓冲带湿地建设工程。增强湿地生态系统功能，有助于较快地提升湿地水质净化功能（图2-7、图2-8）。

图2-7　笔者（右起第4人）听取大理州李洋副州长（右起第1人）汇报洱海治理情况

图2-8　综合治理后考察组拍摄的洱海实景

（3）洱海保护治理情况

大理州坚持遵循自然规律、科学规律，统筹推进“山水林田湖草”综合治理、系统治理，把各项工作精准落实到位，保护治理取得了阶段性成效。

① 坚持科学治理。一是以科学规划引领保护治理。坚持“以水定城、以水定人、以水

定产”，科学测定洱海核心保护区资源环境承载力，调整优化洱海流域的生产空间、生活空间和生态空间布局，将大理市城乡开发边界面积从188 km^2调减到138km^2，规划人口总数从105万调减到86万。把海东规划开发面积从140km2压减至9.6km^2，绿地面积从15km^2增加到25km^2。达到笔者在联合国教科文组织制定的温带25%以上的标准。启动大理新区规划建设，着力疏减洱海流域人口和产业。

② 坚持系统治理。立足洱海流域生态保护与修复的整体性、协同性和关联性，强调“修山、治河、扩林、理田”并重，科学编制了洱海保护治理“十三五”规划，系统实施了76个规划项目，“十三五”以来累计投入资金315亿元，在2565 km^2的洱海流域系统范围内建设了生活污水收集处理、生活垃圾收集处置、农业面源污染防治、环湖生态防护、清水入湖五大工程体系，对整个洱海流域开展全方位、全地域、全过程的生态治理，积极探索出了一条洱海“山水林田湖草”综合治理的新路径。

a. 构建城乡一体的生活污水收集处理体系。在洱海流域建成了19座污水处理厂和4503.3km污水收集管网，初步构建了“从农户到村镇、收集到处理、尾水达标排放利用、湿地深度净化”的全流域生活污水收集处理体系。很值得白洋淀借鉴。

b. 构建生活垃圾收集处置体系。制定出台《乡村清洁条例》，常态化开展“三清洁”工作，建立了“户清扫、组保洁、村收集、镇乡清运、县市处理”的联动运行机制，利用生活垃圾焚烧发电，避免入水污染。

c. 构建农业面源污染防治体系。建立生态补偿机制，在流域内推行禁止销售使用含氮磷化肥推行有机肥替代、禁止销售使用高毒高残留农药推行病虫害绿色防控、禁止种植以大蒜为主的大水大肥农作物、推行农作物绿色生态种植、推行畜禽标准化及渔业生态健康养殖的“三禁四推”工作。

d. 构建清水入湖工程体系。建成洱源县茈碧湖、海西海、三岔河“三库连通”清水直补工程，每年向洱海直补清水约6000万m^3。紧紧围绕“河畅、水清、岸绿、景美”的工作目标，系统实施洱海主要入湖河道生态化治理工程，截至目前，大理市累计完成了153.44km的主要入湖河道生态治理任务。

③ 坚持依法治理。颁布施行了《湿地保护条例》《水资源保护管理条例》等11个地方性法规，构建了富有大理特色、较为系统完备的洱海保护法规体系。修订完善了《洱海保护管理条例》。

（4）洱海流域湿地保护修复效果

根据2019年湿地资源监测结果，州湿地面积为655km^2。自2011年起，经工程修复和建设共建成湿地59块，建成面积3.31万亩，投资10.97亿元。其中，“十三五”期间洱海流域新增湿地2.76万亩，修复湿地2.34万亩，共新增和修复湿地8.5万亩，占总面积的8.6%，成绩明显。

笔者高度评价地方政府坚决贯彻习总书记提出的湿地修复指导思想，以系统工程采取的全面措施，值得白洋淀治理全面深入学习。也科学地说明只要思想明确，精准施策，狠抓落实，湿地生态修复这一长周期的工程可以在3～5年见到明显的效果（图2-9～图2-12）。

图2-9　综合治理后考察组拍摄的洱海实景

图2-10　笔者（左起第5人）针对洱海湿地现状提出近一步生态修复的建议

图2-11　退耕还湖还湿后考察组拍摄的洱海生态实景

图2-12　考察组拍摄的治理后的洱源西湖国家湿地公园实景

对于洱源西湖湿地底泥生物层的研究，笔者提出：这个底泥就是潜育层，是判断湿地还是湖泊的一个最重要的标准，有泥炭层的肯定是湿地（图2-13）。泥炭层是潜育层也是湿地主要成分，下一步就是煤，再下一步就是石油。希望继续对其成分，及草根层、腐殖层、泥炭层深度等进行研究，这将是湿地生态修复的宝贵资料。

图2-13　笔者（右起第2人）对洱海水位调控治理水生植物做法的进一步分析探讨

（5）调研时进一步做好白洋淀湿地保护修复的收获

考察组对云南国家湿地公园保护修复的主要做法和成功经验做了深入的调研，为未来白洋淀建设国家湿地公园做好准备。笔者在听取和指导云南国家湿地公园生态修复的同时，提出进一步借鉴白洋淀湿地生态修复的建议：

① 把习近平总书记关于湿地保护修复的要求落到实处；

② 准确把握“湿地”概念的科学内涵；

③ 为湿地保护修复提供有力的科研支撑，牢记“湿地贵在原生态”。严防引入外来有害物种等不当措施。

第3章 湿地生态修复技术

3.1 湿地生态修复工程技术要求

在《可行性研究》经专家和主管单位审定后，进行招标投标，中标单位要制定湿地修复的工程设计，而其标准要严格按照《可行性研究》制定，工程设计的目标就是恢复湿地的功能，要全面恢复除污净水、防洪抗旱、动植物系统保护生物多样性的功能，不能只有景观休闲的功能。工程设计必须要加强系统思维，习近平总书记特别指出："抓湿地等重大生态修复工程时有没有先从生态系统整体性特别是从江湖关系的角度出发，从源头上查找原因，系统设计方案后再实施治理措施。"

3.1.1 湿地生态功能的恢复

我国古代称的"泽"和"淀"就是指湿地或以湿地为主的地带，如云梦泽、洪泽湖。其实，新疆的罗布泊、台特马湖和艾比湖的大部分都是湿地，如白洋淀、海淀。

湿地有多重功能，其中有些功能对整个地球生态系统来说都是十分重要的。

（1）生命的摇篮

目前一些考古发现证明，地球上最初的原生动物较多来自湿地。

（2）天然的蓄滞洪区

在自然生态系统中，许多湿地与河流和湖泊是密不可分，也是河湖的天然蓄滞洪区，在洪水时就是行洪的河道或湖泊，洪水退去就成为湿地，以前的"八百里洞庭"的大部分就是这样的湿地。

（3）地球之肾

湿地最为重要的功能是通过湿地沉积悬浮物，并滞留沉积物；在湿地中，密度极高的微生物通过生物作用来净化水；通过水生植物吸收和转化污染物；通过洪泛等方式进行新旧水的交替，起着水体的新陈代谢作用，相当于人的肾。

（4）保护其他生态系统

湿地是河流、湖泊、森林和草原等地球上最重要的陆地生态系统的屏障。森林和荒漠之间的湿地实际上是森林生态系统的屏障，如消灭了湿地，则唇亡齿寒，紧接着的就是森林的蜕化。

（5）珍稀水禽的繁殖与越冬地

许多珍稀水禽都必须飞越几百甚至几千千米，跨越国界，到固定的湿地繁殖或越冬，破坏了这些湿地就等于消灭了这些珍稀物种。

科学修复就是要修复湿地的这些功能作用，恢复这些功能就需要相应的技术，本节将根据功能修复要求介绍一些已知技术。

3.1.2　湿地生态修复工程水文设计技术标准

在湿地工程中，水文学包含了与湿地有关的所有水文和水力过程。湿地的修复和恢复需要考虑许多水文和水力因素，湿地的水文设计是至关重要的，在这里单列强调。虽然有许多功能和湿地类型需要非常不同的水文和水力条件，但要归结最基本的要素。重要的水文设计标准是水文设置、洪水持续时间、淹没深度、流速、流阻、水力滞留时间、蓄水量、表面积和取水量。这些水文设计标准互相关联。

用水文环境来描述湿地的位置与其他水体的关系，这些水体可能包括小溪、河流、湖泊、河口、地下水或其他湿地。水文环境对湿地的所有功能都很重要，对地下水的补充/排放、沉积物的截留、洪泛变化和水量输出尤为重要。

水文环境对地下水的补给和排泄功能也很重要。湿地相对于地下水位的高度将决定湿地可能具备哪些水文功能。水文也是洪水变化的一个关键考虑因素，因为湿地与河流的关系位置将在湿地如何影响洪水水文图方面作用很大。为了实现湿地水量出口，湿地必须位于上游，并通过表面渠道水流与大水体进行水力连接。

水文环境对湿地的水生多样性也特别重要。湖边湿地和河岸湿地与更大的水体相联系，如溪流、河流、湖泊和河口，并经常被较大水体的水生物种用作喂食区和苗圃等。

（1）注水的持续时间

在湿地中，洪水泛滥的持续时间通常被称为水淹期。适当的水淹周期对湿地每一项功能的实现都是至关重要的。水浸的发生时间和持续时间会显著影响哪些植物物种可在湿地生存，哪些鸟类和动物会到湿地休憩。

洪水的发生时间和持续时间也是泥沙和毒物滞留、泥沙稳定和生物产品出口的重要设计标准。

（2）水的深度

除了洪水泛滥持续时间外，洪水泛滥的深度对湿地的许多功能也很重要。水深的重要性与洪水泛滥的时间和持续时间有关。例如，持续的低水位淹水十分重要，因为许多湿地水生植物需要日照透射。水的深度和浑浊度对植被也有很大的影响。湿地的水深和浑浊度则与洪水发生的时间和持续时间密切相关，对湿地植被类型有重要影响。一般而言：

在0.5～1.0m深度处，植被由挺水植被向沉水植被过渡。

在超过1.0m深度处，植被由沉水植被向浮水植被过渡。这些植被受洪水的改变、沉积物的稳定、沉积物/有毒物质的保留、营养物质的去除/转化、产品出口等的直接影响，对野生动植物和水生物种也有间接影响。

水的深浅对地下水的补给和排泄也有直接影响。湿地水体的深度为水体提供了向下的压力，较深的水产生较强的压力梯度，促进地下水补给而不利地下水排泄。

水的深度在沉积物/毒物保留和沉积物稳定功能中也很重要，因为水的深度影响流速，从而影响侵蚀和沉积物的累积。对于给定的流量，水深越大，流速越低，底部沉积物的剪切应力越小。剪切应力的降低会减少底部沉积物的侵蚀和悬浮沉积物的沉积。野生动物的多样性和丰度也直接受到水深的影响。

（3）水平衡

淹水时间、淹水时机和淹水深度由湿地水平衡决定。湿地的水平衡是对进入或离开湿地的水量的总量计算。水平衡一般按月计算，但为充分确定水的状况，计时长度可以改变。

水平衡应该是任何湿地项目设计的首要考虑因素之一，最好与选址过程一起确定（图3-1）。水平衡的定义包含了一系列与水位、水文周期和其他水文条件相关的设计标准。在计算水平衡时要考虑的因素有：地表流量、降水、蒸发和地下水的排放和补给。湿地的蓄水量包括地表的蓄水量和土壤的蓄水量。

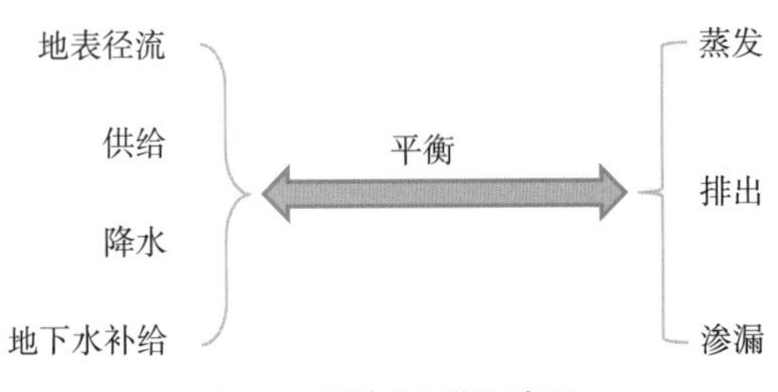

图3-1　湿地水平衡示意图

（4）流速

水流的流速和相关应力对湿地的几种功能是重要的。

流速对沉积物和毒物的滞留和稳定有重要影响。流速是土壤和有机颗粒侵蚀与沉降的关键条件。流速为土壤和有机物的侵蚀提供能量，也为保持物质悬浮的湍流和升力提供能量。流速还会影响湿地的产品出口功能，并决定有多少湿地中的有机物会被出口到下游。

流速也会影响水停留时间（HRT），进而影响水质变好的能力。HRT的减少会导致悬浮沉积物和其他污染物处理效率的降低。此外，流速对水生生物栖息地也有重大影响，禽类一般不停留在高流速地区。

（5）流阻

湿地中水流的深度和速度取决于水流阻力。对于表面流，流动阻力是湿地底部与植被的摩擦阻力。植被密集的湿地对地表流动产生很大阻力，摩擦系数可能会因茂密的植被而大大增加，湿地的摩擦系数高达0.55，随着流动阻力的增大，流速减小，流动深度增大。

植被密集的湿地可能是另一种情况，水生植物会导致水流减少，因为需要能量来克服水流的额外阻力。水流阻力对多种功能都很重要，包括洪水衰减、泥沙/毒物滞留和泥沙稳定。

（6）水力滞留时间（HRT）

HRT的定义是，在离开湿地前，洪水停留在湿地内的平均时间。HRT是改善水质功能的关键设计标准，如去除沉积物/毒物和去除营养物质/转化。湿地的基本功能是水的生物处理，具有转化和去除水中污染物的机制。该机制包括物理、化学和生物过程，每一种过程都需要最低限度的HRT。处理的有效性取决于流动的水必须在湿地中停留足够长的时间，但是，过量HRT在湿地中可能反而会造成湿地水质问题，如溶解氧低，产生硫化物和甲烷气体。

（7）存储容量

蓄水能力也可能影响地下水的补给/排泄和水生生物的丰富/多样性，因为较大的湿地将有更多的地下水补给潜力，可能支持更多的水生生物。一般水面大于30hm^2，平均水深大于0.5m的湿地具备基本的湿地功能。

（8）获取（Fetch）

获取是风引起波浪的开放水域的长度。获取对于水质也很重要，湿地通常是浅水水体，易受波浪作用的影响，波浪将延长水滞留时间，使各种作用易于进行，而称为“获取”。获取越大越好再曝气，将氧气重新引入缺氧的水中。此外，波浪的作用也会引起溶液中组分的挥发，这些作用对营养物质和毒物的转化都是重要的。

3.1.3 湿地生态修复工程设计

湿地有如此重要的功能，湿地的保护与修复就成为我国生态系统建设以至生态文明建设的重要内容，对于这样重要的工程建设，应该有确定的功能要求和具体的对策。

（1）退田还湖，退耕还湿

目前森林和湖泊生态系统的蜕化在世界上都成为十分严重的问题，但是特别要保护作为森林和湖泊等生态系统屏障的湿地。森林的蜕变除了被砍伐以外，最重要的原因之一就是周围的湿地被占用，使森林失去了屏障；湖泊的蜕变除了过度取水以外，最重要的原因之一就是湿地被围垦，间接地减小了湖泊的面积。20世纪50年代，中学地理课本上讲，我国第一大湖是洞庭湖，但就是由于周围湿地被围垦，面积缩小了1/3，现在已不是我国最大的湖泊。1998年长江大水以后，朱镕基总理提出了“退田还湖，退耕还林”的治水措施，实际上包括“退田还湿”，是湿地生态系统修复和恢复的最重要的工程措施。

（2）保护湿地的“生态水”

笔者早在30年前就提出了“生态水”的概念，当前湿地被破坏的最重要原因是由于工农业的需要从湿地中取水，使湿地干涸，因此，保护湿地的生态水，不能在非洪水时期从湿地取水是十分必要的。新疆的罗布泊实际上是一片湿地，由于灌溉等一系列取水，使得罗布泊在30多年前完全干涸，化为乌有，就是最典型的例子。保护“生态水”在很多情况下也要通过工程来实现。

（3）控制对湿地的污染和淤积

目前工业废水、城市和农村污水对湿地的侵害以及泥沙淤积日益严重，把湿地当成污水坑，湿地的自净能力是有限的，正像人的肾一样，进入的毒物超过了其排毒能力，肾就被毁坏了。因此，必须科学计算湿地的自净能力，严格控制超量排污，一般由清淤工程实现。

（4）合理利用湿地

湿地是应该利用的，如捕鱼、养殖和采泥炭（在波兰）等，但必须按照规划合理开发，以工程设计保证，还要立法制止盲目过度开发、污染、破坏湿地生态系统的行为，所有利用工程必须科学、合理。

（5）在必要而且有条件的地区扩大湿地

在有必要而且有条件，也就是有土地和有水的地区扩大湿地是十分重要的生态系统建设工程措施。例如，在外界排污严重的水库周围造人工湿地，净化水源，作为污水处理厂的初级，柏林就有这种成功案例。北京的官厅水库西缘也应考虑扩大湿地净化来水，等于建污水处理厂。

许多湿地修复和恢复项目都有一个预先选定的指定区域，这就是项目工程设计的进度。项目设计必须最大限度地减少对湿地的彻底改造，并符合既定范围的各种限制。

湿地功能清单，这些功能是工程设计的目标　　表3-1

功能分类	湿地的功能
水文	地下水补给
	湿地水排泄
	削减洪流
	维系海岸线滩涂稳定
	沉积物/毒物潴留
水的质量	营养物去除/转换
	供水生产出口
生物系统	水生植物多样性/丰富
	野生动物多样性/丰富

湿地功能是指湿地系统内部所产生的自然物理、化学和生物过程对生态系统的积极贡献。表3-1列出了湿地的三类功能：水文功能、水质功能和生物系统功能。水文功能包括减少洪峰排放、增加地下水补给和稳定海岸线（滩涂）。湿地内的物理、化学和生物过程的复杂结合导致了水体成分（如营养物质、有机化合物、金属和悬浮沉积物）的去除和转化。湿地亦为鱼类和动物提供栖息地，维持生物系统的功能。

大多数湿地项目的设计都是为了提供一系列支持和增强当地生态系统的功能。湿地提供的功能越多，其潜在的社会、生态和经济效益就越大。同时湿地的各种功能是紧密联系不可分割的，而且一种可能支持多个附加功能。当然，并非所有功能都能兼容，有些功能在同一湿地系统内或同一湿地内不能同时共存。

由于功能是湿地提供生态系统效益的基本基础，因此，将项目目标转化为湿地的一系列功能是非常重要的，而且要在主要项目目标和次要目标之间进行权衡。

3.1.4　湿地生态修复工程技术

从工程角度讲，湿地功能可分为三类：水文功能、水质功能和生命支持功能。水文功能包括湿地减少洪峰流量、影响基流、改变地下水-地表水相互作用和稳定海岸线（滩涂）的能力。水质功能包括湿地在水流经湿地系统时清除或转化水中多余的营养物质、有机化合物、微量金属、沉积物和其他化学物质的能力。生物系统功能包括湿地为湿地动物提供栖息地和营养需求的能力。湿地的另外两项功能是休憩和独特遗产。影响湿地功能的重要因素如下：

（1）地下水补给和排泄

地下水补给是水从地表向下运动到地下的水文循环中的主要过程，它的工程设计有具体要求。多孔底层（潜育层）允许水通过地下水系统。因为湿地的特点是水很浅，而且具有相对不渗透的潜育层水体，其中水的停留时间足够长来诱发厌氧条件。地下水补给对于控制湿地水化学和停留时间（湿地系统中水滞留的平均时间）至关重要。在地表出口（河流）狭窄或没有地表出口的湿地中，地下水补给尤为重要，因为其他唯一的水流出途径是蒸发蒸腾，它会聚集溶解的固体，影响水体。而地下水补给是一种重要的排盐机制，也是旱季土壤水分的来源，特别是在蒸发量大的地区。

地下水排泄是水文循环中水从地下到地表运动的主要过程。这个过程通常被称为基流。虽然地下水排放可能只占湿地总水量的一小部分，但富含营养的地下水的排放可能对湿地水化学过程至关重要，从而影响湿地的其他功能。此外，在干旱期间，地下水排放可能是一个重要的水源。但是，过量的地下水排放减少了停留时间，抑制了厌氧。

地下水的运动主要取决于湿地水面的海拔，湿地水体的质量和相对于周围的地下水系统的压力，物理特性和摩擦阻力，湿地下面的土壤、沉积物和岩石。当湿地水面接近周围地下水位时，就会发生地下水补给。特别是在植物生长季节，湿地植物吸收通常是引起地下水排放的主要原因。若地下水位与湿地水面相交，则可实现地下水的回灌和排泄。基础水文地质调查在工程设计阶段是至关重要的，固按此提出具体的技术要求。

（2）洪水流量变更

在流域内的浅洼湿地中暂时储存径流、河道流、地下水排放（基流）会延缓破坏性洪水的下坡运动。储存的水逐渐为河流提供流量，并在下游形成一个低量级的流量峰值。各种各样的浅洼地都有可能暂时储存洪水，从而对防洪起到积极的作用。上述洼地中有许多湿地，如果没有饱和，可以通过临时地面储存和减小流量来给洪水削峰，湿地显著改变洪水流量的能力因地区和季节而异。这些都是工程对技术的具体要求。

（3）沉积物和毒物滞留

流经湿地的水会发生明显的化学变化，即湿地的净化功能。这些变化主要是减少水流速度的结果。由微生物分解有机物质，植物和动物的代谢活动和光合作用使吸收的化学物质变成沉积物，通过化学分解暂时同化到植物组织以去除农药、重金属和其他潜在有毒有机物。沉降速率可作为毒性物质滞留的指标，因为许多毒性物质附着在沉积物上，特别是黏土矿物和有机物。

实现这一功能的主要要求包括：高沉积率和初级生产力、浅水潜育层内的厌氧条件、大量的有机分解者和狭窄的地表水出口，这些都对具体技术提出了严格的要求。

（4）养分去除和转化

这一功能包括营养物质的保留，无机营养物质转化为有机形式，以及氮转化为气体形式。过量的营养物质，特别是磷和氮，形成富营养化，会导致藻类大量繁殖（如蓝藻）和不良水生植物（如水葫芦）的数量激增，腐烂后导致水质恶化。湿地在去除和转化养分方面十分有效，因为厌氧、富含有机物的土壤有利于转化过程，是湿地潜育层的典型特征。

湿地的氮转化涉及几个微生物过程。主要的氮转化过程包括：

氨化作用，即在有机物生物分解过程中转化为氨氮（NH_4）。

硝化作用是指铵态氮被细菌氧化形成可溶性硝酸盐（NO_3）。微生物在厌氧条件下进行的反硝化作用，包括将空气转化为气态氧化亚氮（N_2O）和分子氮（N_2）。

从营养循环中去除磷的途径是：在好氧条件下，不溶性磷酸盐与铁、钙和铝结合沉淀；吸附黏土矿物、铁、铝氧化物和氢氧化物融入生物体内。

促进养分去除和转化的主要湿地特征包括：长的停留时间，高的沉降速率，厌氧条件，大量的细菌种群，广阔的、平坦的浅水区域以及狭窄的地表水出口。细菌和其他微生物承担大多数营养物质的转化；而维管植物起着相对次要的作用。总的来说，淡水湿地比河口和海洋系统更有效地去除营养物，主要是因为淡水湿地的碳浓度更高，因此，碳汇能力很强。

（5）湿地产品价值

湿地通常能够产生大量的植物，这些物质在生长季节后，可以从湿地下游或盆地的较深水域冲刷出来。这种部分分解的物质成为食物链的一部分，为初级消费者所食用。

为出口产品提供机会的主要地貌特征包括：季节性洪水、高潮差和多样化的生态系统。促进这一功能的主要湿地特征包括：

① 排出地下水，在枯水年和旱季起重要作用，中国的大运河在这样的情况下可以续航。

② 较高的初级生产力，在中国北方，如芦苇、莲藕和菱角等。

③ 向较深水体排出净化水。

（6）提高水生生物多样性和丰富度

几乎所有淡水鱼类和许多咸水鱼类在其生命周期的某个阶段都需要浅水区域——湿地。由于湿地通常是植被密集的浅水地区，它们为多样无脊椎动物和鱼类种群提供营养和栖息地，以及维持幼体的生存环境、幼体和成体水生生物所必需的物理、化学和生物因素。栖息地因素包括食物供应、盐度、温度、潜育层、庇护所类型、流速和溶解氧。

促进这一功能的湿地的主要特征包括：广泛的植被类型、水深、流速和水文周期、高的地下水排泄率和丰富的植被覆盖。湿地应该由地表水的流入和流出通过水力连接到较深的水域。湿地植被群落的多样性和丰富性通过乔灌木遮阴提供了各种营养物质、保护层和温度调节，从而促进水生物种群的生成，所以湿地应有灌木群和树林，湿地至少一部分应该全年都有水，不能全部干。

3.2 以人工智能和数字技术为主的湿地生态修复技术创新

技术创新是高质量发展的要求，生态修复是新兴产业，更需要技术创新，湿地生态修复的技术创新是很复杂和长期的，复杂在它需要适应各方面的要求，长期在于它很难立竿见影，要在长周期（至少2~3年）内受到检验才可能被确认。

3.2.1 湿地生态修复技术选择

湿地生态修复或恢复在世界上还是件四五十年来的新事，欧美虽然在20世纪80年代做得比较成功，但也还没有完整的经验总结，我国则是刚刚开始，所以科学理论创新和工程技术创新是头等大事。

湿地生态恢复的总体目标是逐步恢复退化湿地生态系统的结构和功能，最终达到湿地生态系统的自持状态，对于湿地生态恢复的基本要求急需技术创新。

首先，清淤保证湿地生态系统泥炭或潜育层地表基底的稳定性。潜育层是湿地生态系统发育和存在的载体，中国湿地修复所面临的主要威胁大都属于改变系统基底类型，从而急需精准清淤技术。

其次，修复湿地控制水量和水质变化幅度，急需智慧湿地技术。

再次，恢复湿地特有的动植物生态系统，尤其是沼生植物和越冬候鸟，保护生物多样性，恢复生物群落与自持能力，也急需技术创新。

最后，为湿地居民提供宜居环境和生产条件也急需相应的适宜新技术。

（1）精准生态清淤与网格化泥水共治、自然生态修复技术

白洋淀湿地溶解氧低、内源污染严重，为了最大力度地保护白洋淀区潜育层，利用复合式活水提质技术消减底泥内源污染，实现湿地原生态修复。2018年1月至今，开展白洋

淀底泥分布与污染，白洋淀开始与遥感技术配合的精准生态清淤研究，以数字网格化泥水共治、自然生态修复技术研究等数字技术的研究与实践工作。

（2）淀区芦苇、淤泥生物质循环技术

针对目前湿地现有芦苇生长及水体底泥沉积状况，提出生物质循环利用技术路线。冬季干枯芦苇收割、粉碎后制成燃料颗粒；湿地底淤泥通过淤泥捕获井进行生态的淤泥收集、泥水分离，再利用芦苇制成的燃料颗粒燃烧的高温进行烘干，充分烧尽淤泥中的有机质成为透水性专用原料，再与建筑废渣及残渣、飞灰混匀制砖坯，高温煅烧形成透水砖，用于数字海绵城市的建设。解决目前淀区芦苇及淤泥对水体富营养化的影响，其中需要一系列数字技术控制。

（3）蓝藻水华治理技术

蓝藻水华是富营养化湖泊常见的生态灾害，通过产生毒素、死亡分解时使水体缺氧和破坏正常的食物网威胁到饮用水安全、公众健康和地貌，会造成严重的经济损失和社会问题。院士工作站引进“打捞上岸、藻水分离”的蓝藻水华灾害应急处置技术和“加压灭活、原位控藻”的蓝藻水华、数字控制技术对蓝藻预防、治理、控制，该技术曾成功解决了太湖蓝藻大面积暴发所带来的一系列难题。

生态系统结构与功能恢复技术主要包括生态系统总体设计、生态系统构建与集成技术。

目前急需对不同类型的退化湿地生态系统恢复实用技术进行深入研究和创新。

3.2.2　湿地生态修复技术创新

自2018年初至今，笔者率领技术团队花了3年时间对国内在湿地生态修复和恢复领域以技术创新为指导的先进技术做了技术评估和实地效果考察。在本书中介绍按湿地生态修复和恢复的需求将湿地的生态修复技术分为三大类：湿地潜育层恢复技术、湿地生物恢复技术、湿地生态系统结构和功能恢复技术。

（1）湿地潜育层底泥精准清淤技术

技术要求：在不破坏潜育层的前提下彻底清淤

① 无锡德林海环保科技股份有限公司：潜育层精准清淤技术。

② 海绵城市投资公司：底泥治理专利技术。

③ 南京瑞迪科技集团有限公司：底泥处置及资源化利用技术。

（2）污水治理技术

① 南京瑞迪科技集团有限公司：复合式原位污水提质技术、区域水环境综合治理关键技术。

② 戴思乐科技集团有限公司：黑臭水体（底泥）治理技术。

③ 海绵城市投资公司：黑臭水体治理专利技术。

④ 无锡德林海环保科技股份有限公司：黑臭水体净化技术、生物治污技术。

⑤ 戴思乐科技集团有限公司：微生态净化技术、污水新处理系统。

⑥ 西安泽源湿地科技股份有限公司：湿地公园进水水质保障技术。

（3）湿地生物系统恢复技术

① 戴思乐科技集团有限公司：生物操控技术、人工湿地生态系统修复技术。

② 海绵城市投资公司：人工湿地专利技术。

③ 西安泽源湿地科技股份有限公司：合成湿地技术、智能池塘技术。

这些技术已在北京、上海、江苏、新疆、陕西、黑龙江、云南和海南等10多个省市完成项目。有的获得北京市科技进步二等奖，大部分获得国家专利。取得了很好的效果，当地老百姓有获得感，可组织考察检验。

其中，生物系统修复技术较薄弱，这也是我国技术的短板，我们正在进一步征集、考察。

3.2.3 湿地潜育层底泥精准清淤技术

湿地潜育层底泥精准清淤是保证生态修复的关键技术。

（1）无锡德林海环保科技股份有限公司潜育层精准清淤技术

① 技术目标

水体富营养化是因为人类社会长期的社会、经济活动，导致大量氮磷等营养物质进入湖库等水体，虽然近阶段大量的如控源截污等治理措施的开展，一定程度上遏制了水体富营养化加重的问题，但前期进入水体中的氮磷在潜育层沉积，形成污染性底泥。为实现精准清除潜育层污染性底泥，减少污染性底泥中氮磷等营养物向上覆水中释放，研制出潜育层精准清淤技术。

② 技术原理

利用声呐对淤泥和土层会产生不同的反馈信号的特征，对目标水域进行网格化监测，快速获得目标水域潜育层污染性底泥的分布情况，为原位的生态精准清淤提供依据；通过精准测绘后，选取合适的生态点位再通过沉降（陷阱）式淤泥原位处理井不破坏底部生境的精准收集潜育层污染性底泥，实现潜育层的精准清淤。其中，沉降（陷阱）式淤泥原位处理井为设置在湖底淤泥层下的开口深井，在深井开口处根据湖底水流方向，设置相应的淤泥导流装置，湖底淤泥沿导泥装置和井口进入沉降（陷阱）式淤泥原位处理井并在深井中沉降，当沉降（陷阱）式淤泥原位处理井内沉降淤泥达到一定深度时，将深井中淤积的低含水率（低于65%）的淤泥抽吸外运焚烧制砖。

③ 流程

工作流程如下：

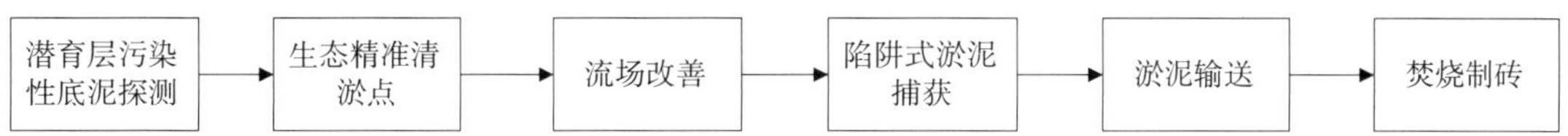

④ 应用案例

本项技术已经在太湖梅梁湾进行示范性应用（图3-2）。

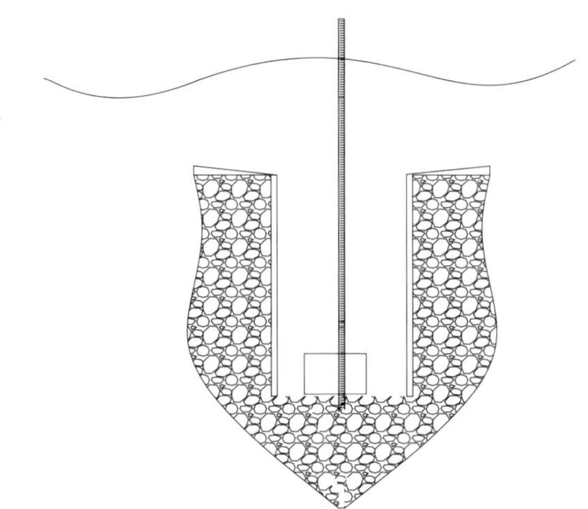

图3-2　沉降式淤泥井结构示意图

（2）海绵城市投资公司底泥治理专利技术流程

① 技术原理

在底泥综合治理专利技术中，针对挥发性有机物污染采用化学氧化治理技术，针对重金属污染则使用固化/稳定化治理技术。对综合治理后的底泥进行一段时间的养护后检验。符合《铬渣污染治理环境保护技术规范（暂行）》（HJ/T 301—2007）中铬渣进入生活垃圾填埋场的污染指标控制的浸出液限值后，将底泥填埋至已经铺设好阻隔层的填埋点，工程结束前进行封场覆土绿化。

底泥脱水过程中产生的压滤水进入污水预治理装置，与坑塘污水一同进行预治理和深度治理，最终达标排放，实现水资源零排放。

② 技术

应用流程见图3-3。

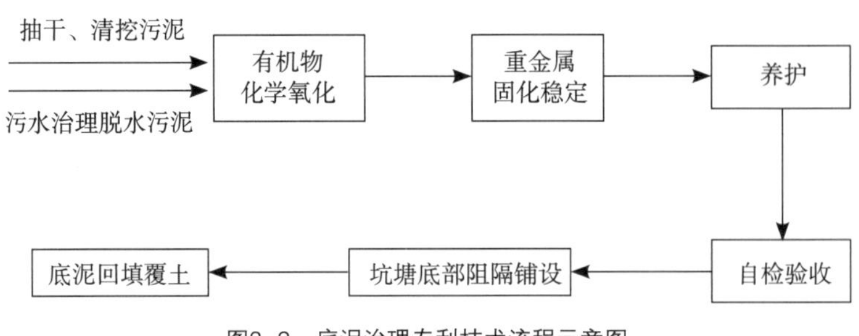

图3-3 底泥治理专利技术流程示意图

③ 专利技术应用

海绵城市投资有限公司应用本专利（发明专利号：CN110668637A、CN110563292A）已完成保定市蠡县缪营村东路南坑塘治理工程（合同价11469.46万元）、安新县重点纳污坑塘综合整治项目（合同价2162.49万元）、鞍山市南沙河排污口治理及沿河垃圾处理工程一标段（合同价3073.17万元）和潮白新河综合治理工程施工项目（合同价2105.90万元）四个大型水体治理工程。

（3）南京瑞迪科技集团有限公司底泥处置及资源化利用技术

潜育层底泥清理后资源化是一项循环经济技术，符合生态"再循环"原则。

① 技术目的

面向河湖库综合治理，机动性强、砂泥协同处置及一体化等需求，综合除杂、泥砂分离、脱水技术，匹配参数流量，优化空间布局，集成研制形成"底泥快速脱水及资源化利用成套工艺及一体化装备"。底淤泥经一次性处置后，余泥含水率低至50%～60%，余砂含泥量<5%。已在深圳坪山新区水环境综合治理中得到应用，并通过广东省建筑业协会鉴定，被评定为"国内领先"。

面向河湖库扩容增效，大规模减量化、无害化及土地利用等需求，提出"环形流道分选式快速真空预压+多级水生植物带尾水净化"的新工艺。底淤泥中多余的水、有机物、重金属元素等在真空负压作用下排出，土体的物理力学指标、环境质量等级可得到显著提高；尾水经多级水生植物带净化后可直接排放入河，防止了二次污染。已在太湖水源地生态清淤工程中得到应用。

针对清淤泥浆浓缩、尾水处理等多个工艺的絮凝环节，以粉煤灰焙烧浸出液为基础，引入"粉煤灰-碳酸钠体系焙烧-酸浸"聚合体系，研发出高效、经济的生态环保新材料"新型聚硅铝铁复合絮凝剂"。新型絮凝剂用量仅为PAC的50%。

② 技术原理

第一，疏浚淤泥制作绿化种植土壤技术。

针对河湖疏浚淤泥，利用绿化废弃物制品进行改良，构建了以机械组分、有机质含量、入渗率、土壤密度等多目标控制的复配参数化设计方法，以企业标准的形式规定了用疏浚底泥与绿化废弃物制品配制绿化种植土壤的工艺流程与技术标准，制备满足规范要求的再生绿化种植土壤（《绿化种植土壤》CJ/T 340—2016）和绿化用有机基质（《绿化用有机基质》GB/T 33891—2017 ）。本技术已获得2020年度水利先进实用技术重点推广指导目录，可以指导解决疏浚底泥和绿化废弃物的处置问题，以及绿化种植土壤和绿化用有机基质的需求问题，展现了节能减排措施中的循环式生产方式。

第二，固化石制备技术。

淤泥在特定强碱激发作用下具有一定的活性，与水反应生成具有固结作用的水化产物；炼钢、炼铝生产过程中产生大量的具有碱性的工业废料，工业废料与淤泥在激发剂的作用下发生化学固化反应。通过特定工艺制成强度等级MU10、MU15、MU20的建筑砖，应用于河道护坡、市政、房建等工程中，可以为防汛天然石料的短缺问题提供解决方案，为堤岸工程安全度汛提供技术支撑，为工程弃土、河湖底淤的资源化利用提供理论指导。

第三，淤泥筑堤技术。

针对我国东部沿海地区港口围堤建设砂石料资源日益短缺的现状，开发出的疏浚土充填袋筑堤设计施工成套技术，提出了利用黏粒含量10% ~ 30%的疏浚土充填袋筑堤新技术，突破了现行规范黏粒含量小于10%的规定，变形监测专利技术对土体变形量的综合精度达1mm，土体水平位移变形测量的综合精度可达0.05mm，土工布变形测量专利技术的变形测量范围可达30000με，地质雷达探测充填袋堤体的结构性状和完整性的专利技术对充填袋堤体结构形状探测精度达厘米级别。本技术还可在疏浚土充填过程中掺入固化剂，形成固化淤泥充填袋堤体，以提高堤体结构的强度。

本技术获中国水运建设行业协会科学技术奖。

3.2.4　污水治理技术

提高湿地水的类别要依靠有效的污水处理技术。

（1）南京瑞迪科技集团有限公司复合式原位活水提质技术

① 技术目标

复合式活水提质技术与装备，是众创团队基于水利部、交通运输部、国家能源局、南京水利科学研究院为核心导向，以河湖库、湿地生物（动植物）生态系统恢复、构建垂直生态为基本目标，运用新型复合材料和高能物理技术，在长期大量的工程实践中研发总结出的成套技术与装备，它能够快速提升水质，提高水体底部溶解氧与泥水共治，降低高锰酸盐指数，消除蓝藻等的问题，并具有高效长效、节能环保、低维护成本等特点。

② 技术原理

利用纳米碳基材料在微电流的作用下，产生氢和氧、活性氧，活性氧将水体中的污染物持续氧化还原产生具有良好光催化性能的类光触媒物质，与可见光产生光催化效应。活性氧消减水体中有机污染物，提升化学指标去除率；同时快速提高水体中的垂直溶解氧，为水生生物的恢复提供有利条件，修复水体的自净能力，形成有利于好氧、厌氧、兼氧微生物生长的优异生境，进而快速恢复河湖库、湿地生物（动植物）系统、构建垂直生态，强化微生物去除污染物的能力，有机物被氧化、裂解后，形成新的类光触媒物质，产生链式反应，达到持续提升治理区水质的效果。

③ 技术应用

将装置抛锚浮设在需处理水体的中心区域；根据治理要求，智能控制提水流量及工作参数；用于水深50cm以上的河湖库、湿地水体。

④ 应用成功

大范围快速增加水体的垂直溶氧，效率是常规高压曝气设备的5倍以上［8～16kg/（kW·h）］；有效去除水体中的污染物，COD和氨氮的去除率可达60%～70%，总磷、总氮去除率可达50%～60%；泥水共治，削减底泥中有机污染物，在满足防洪条件下无需清淤的情况下，可减少清淤工作量；大范围的河湖库、湿地生物（动植物）系统能抑制蓝藻生长，控制水华爆发；其运营成本低，装机功率控制在1.5kW以内。

黑臭水体是湿地生态修复的“卡脖子”难点，必须使用有效的先进技术。

（2）戴思乐科技集团有限公司黑臭水体治理等技术

① 技术原理

“原位消解法”水体净化技术。净化河流或者湖泊内现存的污染底泥，在河道边缘地带种植植物，以消除净化水体。全方位恢复其生态多样性，使河道水体恢复原生态，实现稳定的水体自净功能。

② 应用方法

第一，污染源必须切断。

第二，若水的pH值偏低，应先调节pH值，使之上升到7.5～8.0。因为此范围的pH值能使微生物维持在较高的脱氮水平。

第三，增氧，特别是底层增氧，为好氧微生物创造生存条件。酸性及厌氧环境容易促进底泥磷的释放。增加水体中的营养负荷。

第四，采用浮岛技术及适当移入水生动植物，实现营养物质的转移。

第五，采用生物膜技术。

第六，投加合适的微生物制剂。

③ 应用领域：湖泊黑臭水体治理、河道黑臭水体治理。

（3）海绵城市投资有限公司黑臭水体治理专项技术

海绵城市投资有限公司的黑臭水体综合治理技术，是经过大型工程验证的，也可为国内其他地区的黑臭水体治理提供成功的指导经验。

① 黑臭水体治理专利技术

本专利结合水体的特点与工程实际情况，通过对预治理、综合生化治理和高级氧化治理三个主体模块技术的系统比选，确定了最终的污水治理总体技术方案。具体水体治理专利技术流程如图3-4所示。

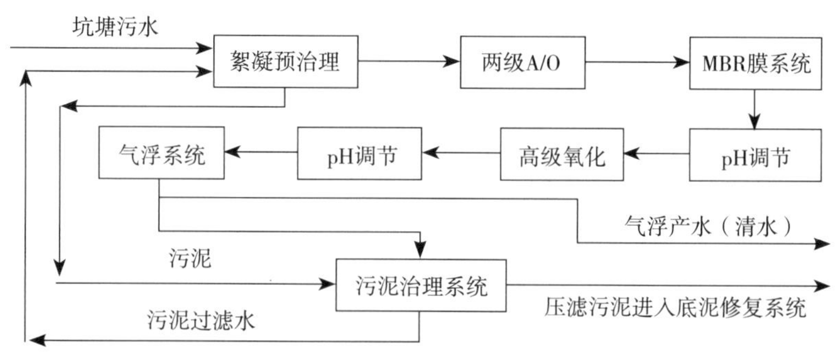

图3-4　污水治理技术流程图

本黑臭水体治理专利技术主要以去除污水中的COD、BOD、HN_3-N、TP为主，有以下特点：

技术完善、高效：包括预治理、综合生化治理和深度治理三个部分。其中，预治理采用混凝沉淀技术，综合生化治理采用两级A/O+MBR技术，深度治理采用高级氧化（芬顿）+絮凝沉淀+气浮+微过滤技术，本专利对COD、BOD、HN_3-N、TP的去除率高且成本适中。

技术路线灵活：综合生化治理单元与高级氧化单元可灵活衔接，通过阀门快速切换，可实现生化出水进行高级深度氧化、高级深度氧化出水进一步生化的复合技术路线。

实现水资源零排：污水治理产生的污泥浓缩液可直接进入底泥修复系统进行处置。同时，底泥修复系统产生的污水可进入污水治理系统进行治理。

② 底泥治理专利技术

在底泥综合治理专利技术中，针对挥发性有机物污染采用化学氧化治理技术，针对重金属污染则使用固化/稳定化治理技术。对综合治理后的底泥进行一段时间的养护后检验。

底泥脱水过程中产生的压滤水进入污水预治理装置，与坑塘污水一同进行预治理和深度治理，最终达标排放，实现水资源零排放。

③ 专利技术应用

海绵城市投资有限公司应用本专利（发明专利号：CN110668637A、CN110563292A）已完成保定市蠡县缪营村东路南坑塘治理工程（合同价11469.46万元）、安新县重点纳污坑塘综合整治项目（合同价2162.49万元）、鞍山市南沙河排污口治理及沿河垃圾处理工程一标段（合同价3073.17万元）和潮白新河综合治理工程施工项目（合同价2105.90万元）四个大型水体治理工程。

（4）无锡德林海环保科技股份有限公司黑臭水体净化技术

① 技术目标

黑臭水体成因复杂，破坏水体生态系统，破坏水体功能，影响城市景观，是水环境治理中的重点和难点，亟待有所突破。城市河道污染日益严重，部分河道发黑发臭，城市景观河道水质改善与感官品质提升有其必要性和迫切性，黑臭河道治理对维护城市生态平衡、优化城市景观、改善人居环境具有重要意义。

② 技术原理

对黑臭水体加入净化剂与超微细气泡，通过高效气浮使致黑致臭物质从水中分离，形成浮渣，并对浮渣脱水，从而使黑臭水体迅速变为清澈。能高效分离出河道水体中的致黑致臭污染物，使污染的水体迅速变为清澈，并增加水体溶解氧含量。同时在水体中通入超饱和溶解氧，可大面积迅速提高水体中的溶解氧含量，并实现水体深层和浅层的交换，从而使溶解氧在水体中均匀分布，快速分解水中的有毒有害物质（如氨氮、硫化氢、鱼的粪便等），使水质得到改善。

③ 技术流程（图3–5、图3–6）

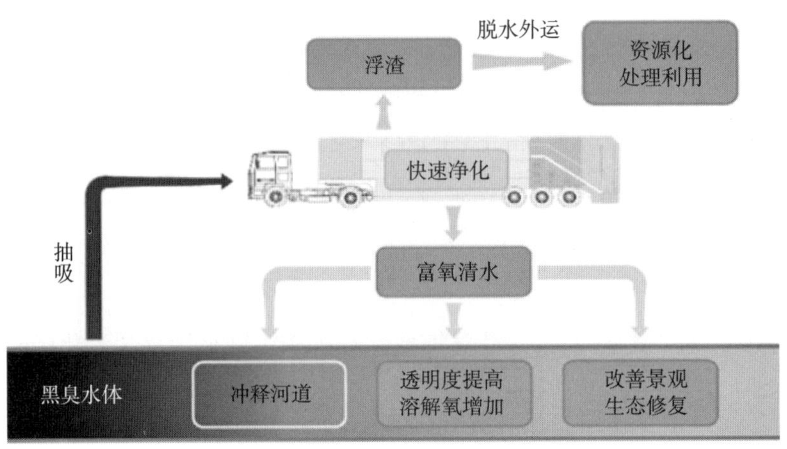

图3–5 黑臭水体净化流程图

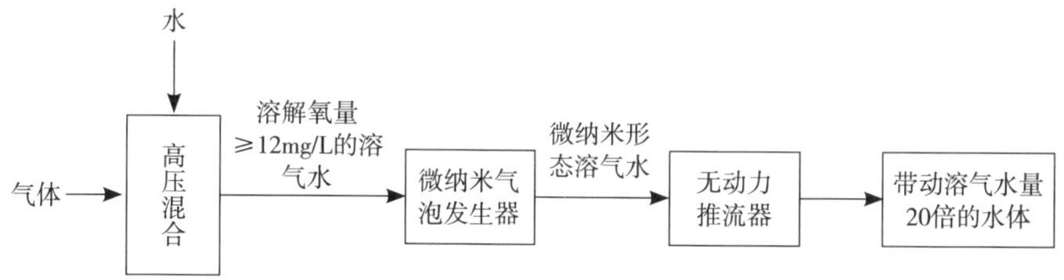

图3-6 超饱和溶解氧曝气流程图

④ 应用案例

本技术在无锡河埒浜、梁溪河等地得到推广应用。

（5）无锡德林海环保科技股份有限公司生物治污技术

① 技术目标

由于水体富营养化后会加速草型清水态向藻型浊水态的转变，为抑制富营养化水体向藻型浊水态转化，为恢复草型清水态提供基础条件，利用高压对水体中的藻类进行处理，控制藻类的繁殖速度以及生物量，经过加压后的藻类一方面可以通过水体生态位的自然消纳进行；另一方面，当藻类生物量较多时可以为湿地芦苇提供氮磷等营养盐，再对湿地芦苇进行生物质的循环利用，通过生物法实现水体富营养化的治理与控制。

② 技术原理

水体富营养化后，易造成蓝藻水华爆发，蓝藻中以具备沉浮调节机制的微囊藻藻种更容易形成种群优势，针对伪空泡的调节机制，采用加压手段，迫使藻细胞内伪空泡塌瘪，无法上浮，失去部分光合活性，进而实现控制藻类繁殖速度以及生物量的目的。

在水体藻密度未达到预警时，经过加压后的藻类可以通过水体中上层的鲢鳙鱼、中下层的鲴鱼以及底层的螺蛳、贝蚌等进行摄食，形成“加压控藻+生态位消纳”的技术原理；另一方面，当水体藻类密度达到预警后，经过加压后的藻类可以排至滨岸带湿地，利用湿地中的植物（可进行适当的芦苇种养）吸收藻源性的氮磷，再对植物（芦苇）采割后进行生物质循环利用，形成“加压控藻+湿地植物（芦苇种养）→生物质利用”技术。

③ 技术流程（图3-7、图3-8）

④ 应用案例

生物治污技术已经在太湖梅梁湾得到推广应用。

（6）戴思乐科技集团有限公司微生态净化技术

① 技术目标

让物理与微生物技术相结合，利用溪水注入和湖水流动营造出的水流冲击，造成实际上的水体增氧，使富氧水块随水流与周围贫氧水块充分混合，改善水中生态环境。同时，

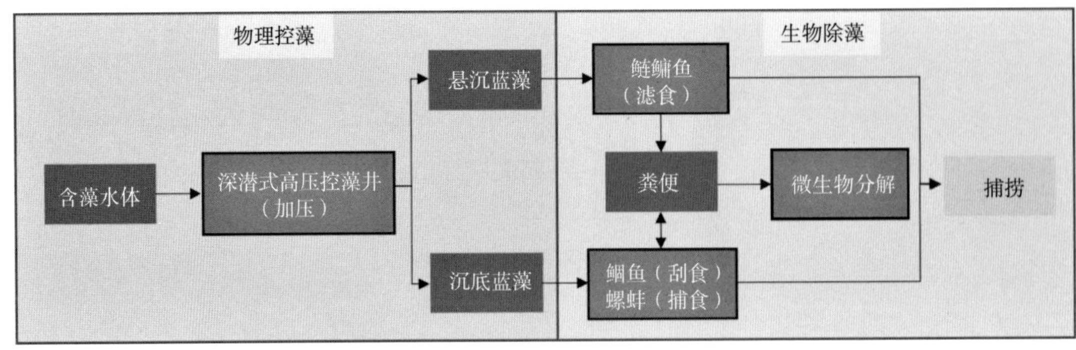

图3-7　加压控藻+生态位消纳技术流程图

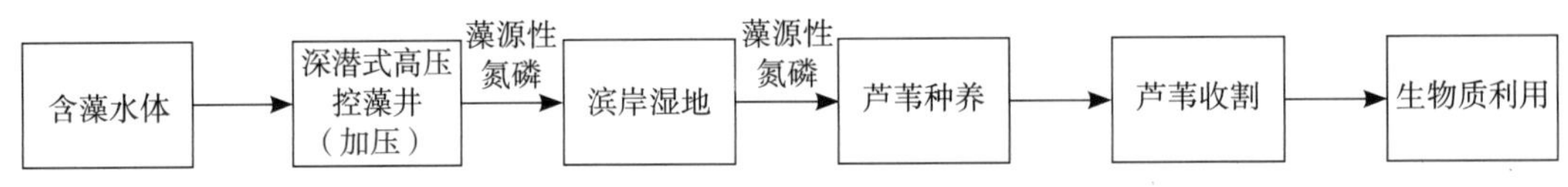

图3-8　加压控藻+湿地植物（芦苇种养）→生物质利用技术流程

在水体中安放仿生式微生物载体，投加特种菌类结合的土著微生物，并附着其上，使得微生物可以大量生长繁殖，高效分解水中污染物，强化水体自净能力，并且能够捕食分解藻类，不产生二次污染。

能有效解决湖泊水体存在的如水体流动性差、混浊，色度高，藻类泛滥，池底黑臭等问题。流程示意见图3-9。

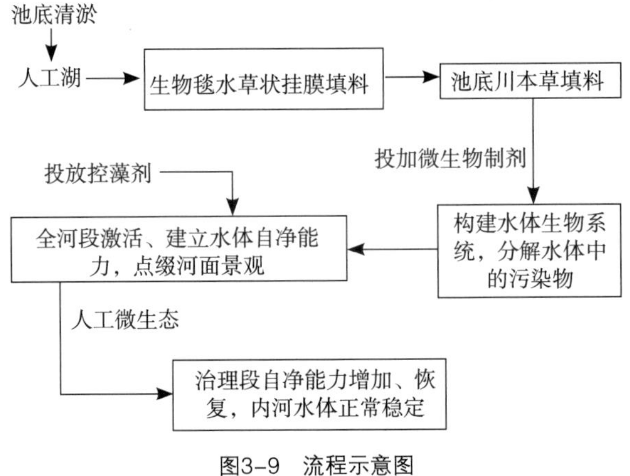

图3-9　流程示意图

② 技术原理

能迅速恢复水体原生自净功能，将这些大分子的有机物转化为无毒无害的二氧化碳和水；同时将湖泊水中的氨、氮、磷、亚硝酸盐等转化为无害的氮气从水中释放。该工艺不需土建、机房和管道，只需2个月才添加生态净化复合菌剂，维护简单，管理工作量很小。运行费用低、操作管理方便；不产生二次水体污染。

③ 应用领域：人工湖治理。

④ 应用案例：天山九峯人工湖微生态治理工程、西安雨星华府人工湖治理工程、南昌万达人工湖治理工程、哈尔滨万达人工湖治理工程、万达西双版纳国际度假区酒店群人工湖等。

（7）戴思乐科技集团有限公司污水新处理系统

① 技术目标

一种污水处理系统包括若干填料池和净化池，所述填料池内设有花环组合填料，所述净化池内设有MBR膜，至少一个填料池的顶部设有进水口，原水从所述进水口进入并依次经过填料池和净化池，所述净化池的出水口连接有出水管，所述出水管连接有清水提升泵；所述填料池和净化池内设有若干曝气盘，所述曝气盘与曝气管的一端相连，曝气管的另一端与风机相连。基于本实用新型，最终出水更加清亮，去污效果更好，并可实现对整个系统的精准控制（图3-10）。

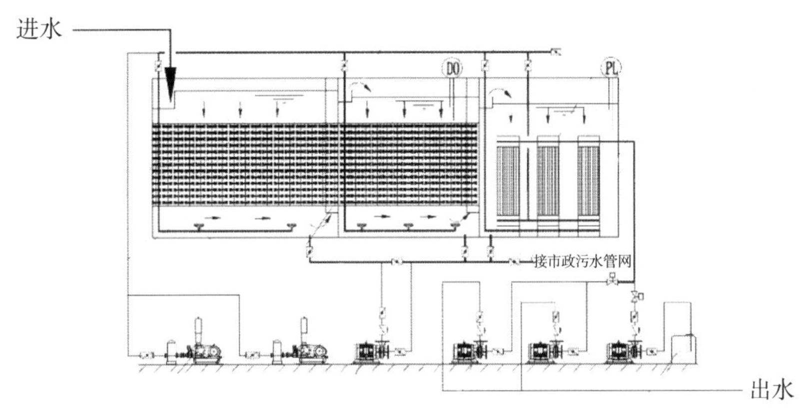

图3-10　污水处理系统结构示意图

② 技术特点：处理效果好、设备安全可靠、剩余污泥基本为零、实现自动控制与远程控制。

③ 应用领域：城镇生活污水处理、农村生活污水处理、医院污水处理、休闲水体处理、湖泊外循环处理。

④ 应用成果：实用新型专利证书。

（8）西安泽源湿地科技股份有限公司湿地公园进水水质保障技术

西安浐灞国家湿地公园功能湿地水处理工程总占地33000m^2，处理水量为11000m^3/d。

2011年9月动工，2013年2月竣工验收，目前已经达标运行7年。除冬季收割、定期打药外，无其他运行费用。

主要采用“沉砂池+快速渗滤湿地+一级潜流湿地+二级潜流湿地”工艺，不但有强大的处理功能，保障湿地公园需水水质，同时具有独特的景观效果（图3-11）。根据实际出水指标有目的地添加生物溶剂，提高湿地内菌种密度及活性，保证出水达标，主要指标去除效果如下：

①进水指标整体劣于地表V类的情况下，功能湿地达到：COD、BOD去除率40%；NH_3-N、TN、TP去除率48%。

②进水指标整体在地表V类至地表IV类之间的情况，功能湿地达到：COD、BOD去除率32%；NH_3-N、TN、TP去除率40%。

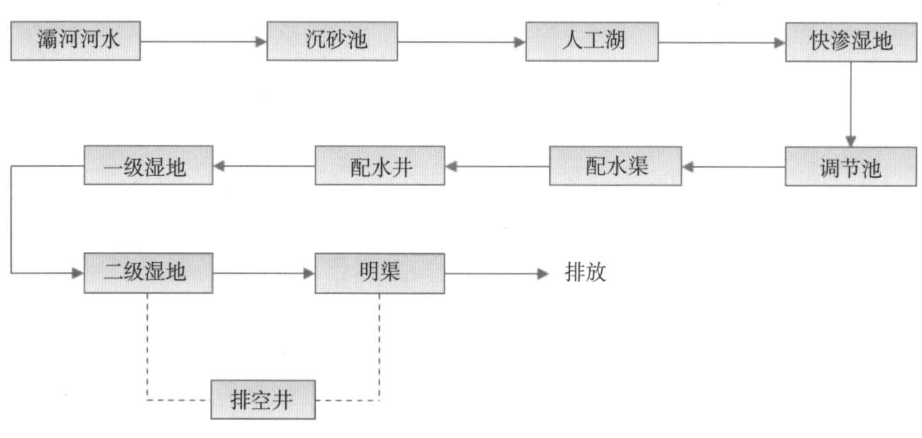

图3-11 工艺流程图

3.2.5 湿地生物系统恢复技术

湿地生态修复的关键是生物系统的修复必须采用先进的适宜技术。

（1）戴思乐科技集团有限公司生物操控技术

① 技术目标

浮游植物的生物量不仅与营养物质有关，也与鱼及其他生物（包括大型植物、浮游动物、微生物等）有关。鱼的存在将会减少浮游动物的数量，进而使浮游植物生物量增加。通过人工去除浮游生物食性鱼类或放养肉食性鱼类，调控浮游动物的群落结构，促进滤食效率高的植食性大型浮游动物的发展，从而提高对浮游植物的摄食效率，最终减少浮游植物生物量（图3-12）。

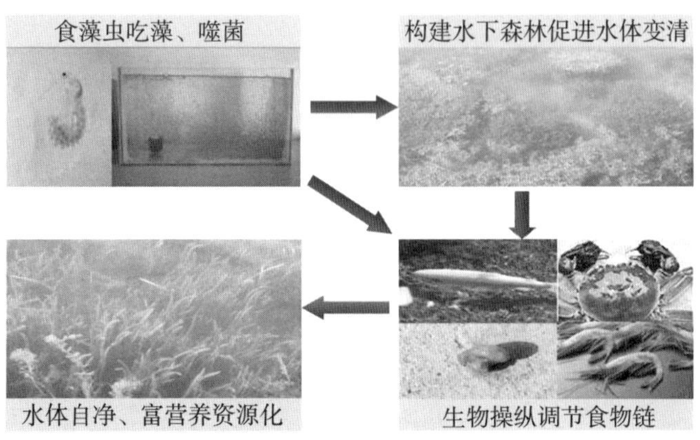

图3-12　生物操控技术工作原理图

投放鱼食性鱼类，间接控藻。通过高密度放养肉食性鱼类来减少浮游生物食性的发展。

人工去除浮游动物食性鱼类，重构水生态系统和生物组成，使之朝着人们所期望的生态系统自净功能强化的方向发展。

投放滤食性鱼类及软体动物，直接控制藻类水华。利用鲢、鳙的滤食作用来直接摄食控制水体中的浮游植物。

增加浮游动物庇护功能及增加对藻类的营养竞争，如引种大型沉水植物、恢复湖滨带。

直接投加浮游动物控藻。

直接投加微生物溶解藻类和稳定浮游动物种群数量。

② 技术特点：浮游动物是生物操纵的关键因子之一，而大型浮游动物则是最重要的、最可能压低浮游植物数量的因素。

滤食性鱼类可以调控浮游动物，减少鱼类捕食压力，有利于大型植食浮游动物种群的发展，而其密度的增加反过来又能很好地控制浮游植物的过量生长。

③ 应用领域：湖泊富营养水体治理、河道富营养水体治理、人工湖治理。

（2）戴思乐科技集团有限公司人工湿地生态系统修复技术

① 技术目标

人工湿地是由人工建造和控制运行的与沼泽地类似的地面，将污水、污泥有控制地投配到经人工建造的湿地上，污水与污泥在沿一定方向流动的过程中，主要利用土壤、人工介质、植物、微生物的物理、化学、生物三重协同作用，对污水、污泥进行处理的一种技术。

② 技术特点：建造和运行费用便宜，易于维护，技术含量低；可进行有效可靠的废水处理；可缓冲对水力和污染负荷的冲击。

③ 应用领域：人工湖治理、河道生态修复。

④ 技术成果：戴思乐园区人工湿地。

（3）海绵城市投资公司人工湿地专利技术

① 技术目标

本技术从上到下依次设有植土层、粗砂层、微生物填料层和卵石层，对污水进行净化处理。其中，微生物填料层包括靠近第一侧的不含碳源的微生物填料层和靠近第二侧的含碳源微生物填料层，提高了水质净化能力、节省了成本；补水管道均匀地从植土层输送水，有效地提高了系统对于污水各污染因子的降解能力；冲洗管道通过大压强水流对卵石层进行冲洗，有效地降低了人工湿地堵塞的可能性，有利于进行湿地的定期维护，延长其使用寿命；本技术通过布置用于分隔植土层、粗砂层和微生物填料层的第一分隔壁和用于分隔微生物填料层和卵石层的第二分隔壁形成环形的潜流湿地的串联流路，有效应对了分散式排放的农村生活污水以及暴雨径流带来的非点源污染，显著提高了污水处理能力。

② 技术应用

在本技术中，植土层为适宜种植挺水植物的土壤，挺水植物为芦苇、黄花鸢尾、香蒲、水葱、水菖蒲等，植土层的挺水植物的种植密度为每平方米5～10株，挺水植物芦苇、黄花鸢尾、香蒲、水葱、水菖蒲种植比例为4：2：1：2：1。

海绵城市投资有限公司应用本专利（发明专利号：CN206814492U、CN206580631U）已于2013年4月完成35.5hm^2的园博园湿地的工程建设，于2021年1月完成2.32hm^2灵武临港经济区污水处理厂尾水处理湿地项目的建设。

（4）西安泽源湿地科技股份有限公司合成湿地技术

案例一：黑臭水体（河道生态治理）

北京海淀区东埠头沟人工湿地工程位于海淀区温泉镇东埠头村，京密引水渠至北清路段。项目范围河道总长2.6km、河宽18m，滚水坝间水深1m。主要采用河床渗滤湿地技术、快速渗滤湿地技术、水体富氧生态处理技术和浮岛水生植物净化技术。对温泉污水厂7500m^3/d尾水及河道上游来水进行处理，改善东埠头沟黑臭水体（图3-13）。该项目获得北京市科学技术二等奖。

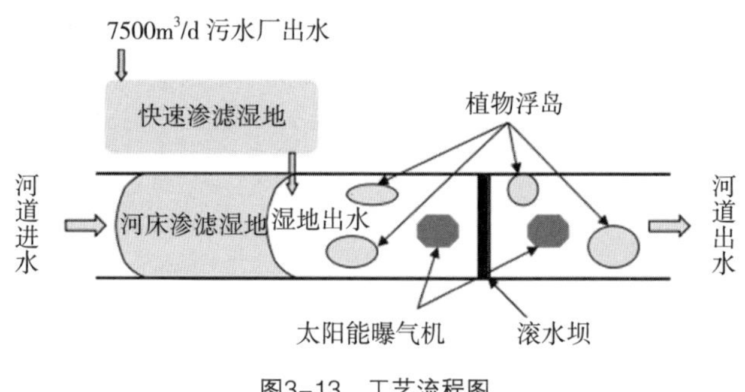

图3-13 工艺流程图

案例二：污水处理厂尾水深度净化

渭南沈河入渭口湿地工程位于陕西省渭南市沈河下游入渭河河口段。项目占地约102亩，深度净化污水厂尾水10000m^3/d，进水指标执行《城镇污水处理厂污染物排放标准》GB 18918—2002一级A，出水主要指标执行《地表水环境质量标准》GB 3838—2002Ⅳ，采用“组合渗滤湿地+一级强化脱氮湿地+二级强化脱氮湿地”工艺及专用介质填料。该项目已经达标运行，获得多方好评。

案例三：湖水净化

北京市环保科技园湖区功能性湿地工程，设计处理量为2100m^3/d，主要是对湖区水进一步深度处理，确保进入湖区水质主要指标达到地表水Ⅳ标准，湿地面积约5000㎡，关键技术采用“湖床渗滤湿地技术”（图3-14）。

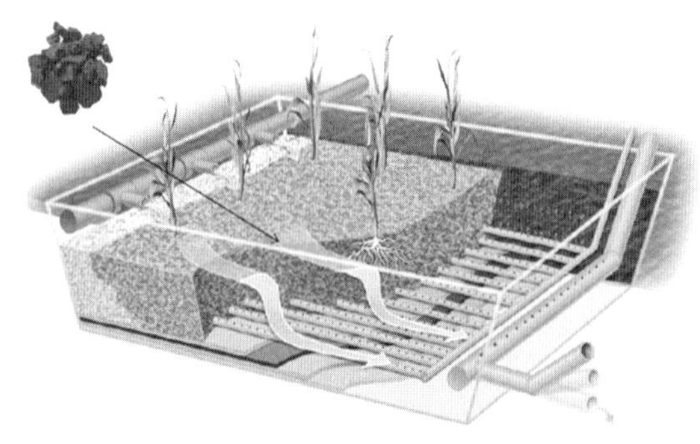

图3-14　湖床湿地剖面图

案例四：农村污水（纳污坑塘）小微湿地处理

针对农村生活污水排放特点及美丽乡村建设需要，优化人工湿地设计，完成200个农村小微湿地项目，获得当地一致好评（图3-15）。

图3-15　项目实景图

（5）西安泽源湿地科技股份有限公司智能池塘技术

数字化是湿地生态修复必须应用的先进技术，贯彻于勘查、修复、监测和维护的全过程。

① 技术目标

概述智能池塘一体化设备集生态池体、雨水收集过滤器、生物过滤装置、落叶收集器、补充地下水渗滤器、防重物跌落报警器、太阳能提升装置、安全隔离装置、智能手机APP预警九大组件于一体。

可丰满海绵城市毛细体系，创新性解决小微水体在城市建设中的勾连作用，构建全新水生态系统。破解城市水景长期保持水质清澈难题，冬季可正常运行；改善局部水生态环境，通过循环、自净，减少和避免新的黑臭水体产生。

② 技术应用

适用范围：美丽乡村建设，为美丽乡村规划、设计提供最新理念参数，勾连小溪、沟渠、池塘等小微水体。打造乡村绿钻，重塑乡村池塘记忆。

海绵城市设计：丰满海绵城市毛细体系，创造性解决小微水体在海绵城市中的勾连作用，充分体现地表水与地下水的交融，构建全新水生态系统。

涝池提升与改造：恢复排涝蓄水、自然生态修复、净化水质、涵养水源。

以上使用范围均属政府基础设施中局部水生态环境塑造的相关节点，包括规划布局、新建或改造。如城市公园、广场、绿地河流城区段面、湿地公园、涝池等。

③ 技术流程，见图3–16。

④ 应用案例

旬邑马栏河国家湿地公园池塘群建设不同类型池塘14套，于2018年7月31日建成，成为马栏河湿地公园点睛项目。智能池塘、仿自然池塘、自然池塘通过浅沼泽湿地、森林湿地、阶梯湿地、沟渠湿地有机串联，与灌木水生植物、陆生植物融为一体，成为极具影响力的水生态、水文化科普展示区（图3–17）。

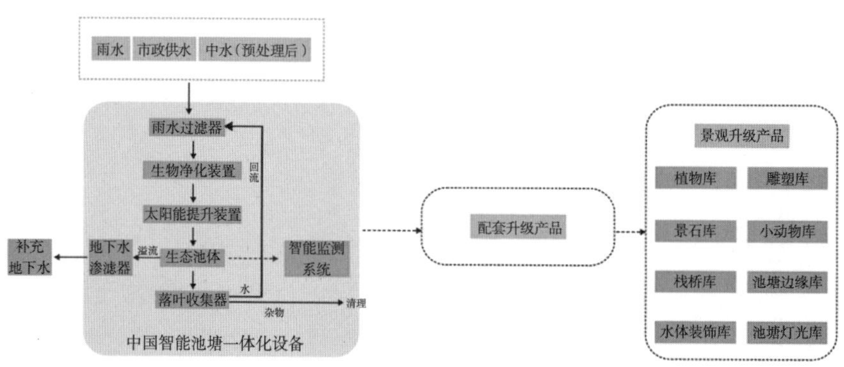

图3–16　技术流程图

图3-17　秦岭国家植物园“青荚塘”智能池塘图

池体以花叶化形而成，喷泉瓣宛立池中，呈现叶上花式独特造型；水体通过生物净化装置，提升落入池体形成自循环，达到水质清透、自净。与秦岭植物园植物科普馆融为一体。

3.2.6　创新技术设备

（1）开挖方法及设备

机械开挖设备用于开挖或碾压土壤，包括犁、松土机和开凿机等设备。目的是简单地放松土壤。通过增加透气性或渗透性来增加植物生长潜力。

（2）切割或撕裂设备

这包括犁、耙、圆盘和剥皮器类型的下层土壤。图3-18所示的深层土壤松解器实际上是在拖拉机后面拉垂直叶片。

（3）分级和土地清理设备。

典型的分级设备，包括：自行式或机动式平地机和带有推土机叶片的拖拉机（图3-19）。

推土机的刀片可以安装在履带式或轮式拖拉机的前面，如图3-20所示。

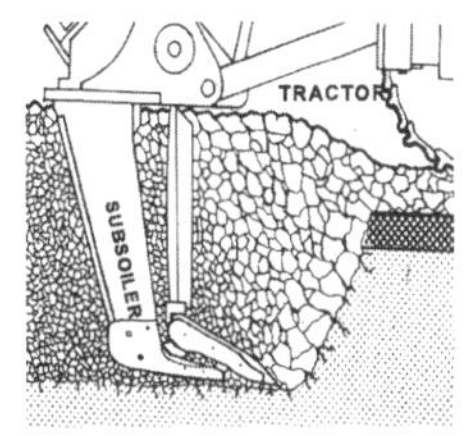

图3-18　深松土机（农用深松土机）

图3-19　自行平地机（机动巡逻机）

图3-20　推土机刀片安装在履带式拖拉机上

土地清理包括清除树木和树桩，清除和移动地上植被，以及清除根系。

（4）前端装载机

如果履带式或轮式拖拉机的前部装有铲斗或铲斗刀片，则前端装载机可以铲起挖出的物料，如图3-21所示。

图3-21 轮式前端装载机

装载机是一种集刮（挖）、装、拖、出料于一体的机械，它主要用于有大量的土壤需要从湿地运转的工程。

（5）挖掘机

它通过拉动起重机动力装置进行挖掘，可以是履带式的，也可以是轮式的（图3-22）。

图3-22 安装在农用拖拉机上的反铲型号拖拉机

（6）液压（疏浚）挖掘方法及设备

小型、可移动的挖泥船可以使用旋转刀或横向螺旋钻进行挖掘，并使用液压抽吸将土壤水泥浆移至地表，但液压泥浆系统需要大量的水，它们可以在相当浅的水里工作，操作吃水范围从0.38m到0.56m。

（7）机械运输方式及设备

机械运输方式包括牵引铸造、牵引和皮带输送。拖运方法使用装载机铲运机，前端装载机，卡车和货车，底部倾倒驳船等设备。

驳船运输。挖掘、移走和运输的土壤可以存放在驳船中。用于短距离运输材料的传送带可以是可适用于湿地的便携式安装，它们不需要建设道路，并且可以在任何地形上运行，只要坡度不超过允许材料滑动的坡度。

以上设备都开始应用人工智能、数字技术和机器人，对劳动力的减少和工作质量的提高起了重要的作用。

3.2.7　数字技术在湿地生态修复中的应用

在湿地的生态修复和维系中，利用物联网、移动互联网、地理空间服务、大数据、云计算、遥感技术、卫星全球定位等数字技术，设计具有数据采集、信息管理、智能巡查、科研监测、动态分析、综合评估、预测预警、决策监管和公众服务等功能于一体的“智慧湿地”管理决策体系，是十分必要的。

（1）建立完善湿地智慧管理决策体系

① 建设“数字湿地”综合智慧管理平台

建设部署“数字湿地”综合智慧决策管理平台，平台业务可涵盖智能监测预警、数据资源服务、监督监管决策、应急指挥调度、各类园区运营服务管理、湿地可视化动态模拟展示等业务功能。

部署“数字湿地”综合智慧管理平台，支持水资源监测调度，水环境监测和水生态维系管理。

② 构建湿地水生态和水环境综合监测体系

面向湿地日常预警监管工作需要，集成物联网监测设备、多源卫星遥感、无人机、地面移动巡查、地面定位观测、视频监控、红外相机、手持终端等多种监控传感设备，建设区域内的水资源、水生态、水环境和人类活动、生物活动等的监测网络，实时获取监测数据，进行数据的统计分析、数据的深度挖掘、模型模拟计算、趋势预测分析等工作，并在平台中进行数字化统计分析和空间二三维展示。

面向科研监测工作需要，建立集气象、水文、监测站点、红外相机等于一体的科研监测网络体系、数字化实验室，构建科研监测数据采集、传输、入库、管理和分析一体化管理系统，在数据资源的基础上进行建模、模拟，为湿地的各项管理和决策提供支撑。

建立基于高分辨率卫星的遥感监测技术中心。从面积变化、结构变化、功能变化三个方面，对湿地生态变化过程进行遥感监测。建立基于湿地面积变化率、景观分维数、景观破碎度、植被生物量和植被覆盖度等指标的湿地退化综合指数，对湿地退化原因及退化程度进行分析评价。可反映湿地的水资源、水环境及水生态的变化，并为湿地生态环境保护、科学决策提供技术支撑。

③ 构建湿地水源监测保护调度体系

分析湿地地区自然水网的链路特征，从数据采集、整合、存储、处理与分析、应用与决策支持等方面，对湿地水源管理。

④ 研建水生态环境监管决策系统

面向生态环境、水环境、水资源保护、监管和决策需求，利用遥感数据配合监测、核查、监管体系，利用智能移动终端配合智慧决策平台开展移动巡护监督执法，提高湿地整体的监管决策能力。

利用高分辨率卫星遥感数据，以一定的时间频率为间隔，开展湿地及周边的人类干扰活动变化异常的监测和信息提取，对人类活动图斑进行识别，统计人类活动图斑新增面积、转移趋势，及时发现人类违规违法活动，分配巡查及现场执法任务。面向湿地地区的空间规划和管理决策需求，建立综合监管决策支持系统。

（2）构建湿地数据资源中心

围绕“数字湿地”的建设需要，进行数据资源的目录、资源整理、数据标准化、数据资源库的建设，实现湿地地区生态、环境、绿色发展、人口、经济发展等相关数据的统一存储、集中管理、共享分发等需求；规划建设湿地地区的基础地理数据库、水文数据库、生态环境数据库、生物多样性数据库、自然资源管理数据库、科研监测数据库、综合评价数据库、绿色产业评价等业务数据库与信息资源库。

① 数据资源目录建设

依据“数字湿地”数据资源目录规划，各责任部门组织开展资源调查工作，梳理部门、所属机构（单位）或共同参与单位的数据资源，结合已建信息系统中的数据资源，细化完善数据资源目录规划。按照信息资源目录要求，编制生成基础类、主题类和部门类的数据资源目录。

② 数据资源标准规范

标准化、规范化对于加快“数字湿地”的项目建设，提高建设质量，充分利用资源，保障工作效率有重要作用。在“数字湿地”构建过程中，标准规范的建设和确立，是非常重要的一项基础性工作，开展“数字湿地”相关标准规范的设计工作，建设统一、完善的标准规范体系，是保证各类数据资源、各应用系统平台互连互通、信息共享、业务协同的基础。

③ 数据资源可视化展示

在数据资源库的建设基础上，建设大数据中心、中间件或业务组件等，通过建立资源管理、信息服务、动态监测、视频监管、决策分析等业务信息系统、软硬件网络体系，直观呈现各类数据资源、保护现状、保护成效及开发利用情况，实现数据资源的可视化、多维度、多角度的展示和表达，为国家公园的建设打基础。

（3）建设湿地智慧旅游体系

围绕湿地建设国家公园的需要，建设科学高效的智慧旅游和公园服务管理平台系统。

① 建设国家公园管理体系

建设"数字湿地"国家公园综合管理体系，提供基础地理信息展示服务，支持湿地地区国家公园管理所需的数据服务、业务应用服务、景点可视化展示、手机移动应用等基础服务；建设在线订票、导游、景区实时运行状态查询等业务平台；建设政策发布、新闻资讯、意见处理及反馈、在线互动等功能于一体的公众服务终端。实现湿地国家公园的数字化管理，提高区域内的旅游管理服务水平。

② 建设生态环境教育展示体系

结合环境教育基地的创建工作，充分发挥湿地地区环境资源丰富、特色鲜明、类型多样的优势，为公众提供数字化、可视化的生态环境教育服务。建设湿地博物馆、科学中心及其他宣教场馆；打造基于地理空间的可视化展示；建设生态环境一体化多维度的展示系统、数字沙盘交互展示系统、模型模拟虚拟展示系统等多种形式的生态环境教育服务支撑体系。

为青少年教育实践的植物园、科技馆、博物馆、实验室等提供数字化展示及智慧服务等。定期开展综合实践活动，组织参观接待，提高湿地及周边地区的国民生态环保意识。

只有应用数字技术，湿地才能高质量地实现笔者定义的湿地的净水、防洪、排涝、节水（控制湿地面积的年际和年内变化）、维系地下水位、旅游、休闲、康养和发展绿色产业的综合系统功能，使湿地具有景观功能为人民造福，使人民有全面的获得感。

3.3　湿地生态修复案例

笔者主持的《海口市水规划》和对古巴萨帕塔湿地的考察是技术需求的两个典型案例，例如《海口市水规划》是"国际湿地城市"认证的基础。

3.3.1 笔者主持制定的《海口市水规划》是“国家湿地城市”认证的基础

海口市被《国际湿地公约》秘书处评为“国际湿地城市”，从笔者的亲身经历可以看出，海口是在中央生态修复的思想指导下，发挥我国的制度优势、民族自信，科学规划、精准施策，由海口市人民群众和广大水利职工干出来的，而不是靠什么组织评出来的。任何国际组织都要像世界卫生组织（WHO）那样为全球自然共同体和人类命运共同体干实事，而不是只靠利用发展中国家本国财力为自己获得声誉搞空头评选。

在将于2021年举行的“第十四届国际《湿地公约》缔约方大会”，我们应根据东道主的权益做主旨发言，讲海口是如何成为国际湿地城市的，与国际组织协商，而不受幕后操纵，让世界听到中国的声音，引导国际湿地生态修复的潮流。

2004年4月1～4日，笔者考察了海口市做了仔细的调查研究。在此基础上制定规划，并对所有问题给出系统性的回答。

（1）为海南做规划，南渡江分流保湿地

海口市提出要把南渡江分流。到底应不应该分流？分流后有多大的经济效益？又有多大的生态影响呢？如何既发展经济，又保护生态，使海口农民致富，为他们全面造福呢？

海口人的共识是：海口的发展在于水，而且提出了分流南渡江的大胆设想。这一设想是否符合统筹人与自然和谐发展的科学发展观呢？笔者以自己创立的资源系统工程管理学，以已有技术为基础制定了工程规划。分析南渡江分流的经济、社会和生态综合大系统的效益。

① 海口水资源状况实地深入调查

海口市面积2305km^2，其中市区面积约为800km^2。2003年全市总人口160万，其中城区人口约为50万。

海口市境内目前有大小河流16条，其中最主要的河流为南渡江，全长300km，流域面积7033km^2，多年平均径流量69.07亿m^3。海口全市多年平均降雨量为1800mm，其中汛期6～8月降雨占全年的85%。自产水资源总量为19.1亿m^3，水资源总量折合地表径流深为830mm，足以维持良好的生态系统，所以海口市全境郁郁葱葱，自然条件很好。同时，海口市人均水资源量1190m^3，接近人均水资源量1000m^{3}的重度缺水标准，是少见的热带沿海缺水城市。不仅城市用水，河流和湿地都处于缺水状态。

② 从海口水问题统筹考虑分流

当时，海口的水问题主要是洪涝、缺水、水污染和城市发展的矛盾交织，互相影响，应该以资源系统工程管理学统筹解决。

a. 防洪压力大，分流应为一种考虑

海口市由于每年台风带来大量的降水，导致防洪压力较大。其境内的南渡江由于河道的排洪能力有限，每年汛期排洪非常困难，其中尤以东北部防洪问题最为严重，常年发生涝灾。为减轻南渡江的防洪压力，从南渡江分水以相应的工程技术建湿地作为蓄滞洪区是科学的。

b. 现有城市规划应与水利工程结合

现有的城市规划建设应与水利工程相结合。目前市里正在修建的滨江西路高程低于南渡江防洪堤高度，形成路在堤下走的局面，汛期既可能造“悬河”，加重了洪水的威胁；又破坏了城市景观，市民也无法观赏海景，因此不应采取高堤建筑技术。

同时海口市将城市西北部定位为未来城市的中心区，为了将水利建设与城市规划相结合，便于旅游业的发展，要增加中心区的水体面积，拟结合南渡江分水修建一条为湿地补水的景观河道。从城市建设和发展看，南渡江分流也是合理的。

c. 季节性缺水加剧污染

据实地考察，海口市现有的城市中心河流及排洪渠道，如美舍河、荣昌河、龙昆河，由于降雨丰枯不均，城市建设的破坏，河道在枯水期基本干涸，沿河生态湿地严重缺水。同时由于城市市政管网建设尚未完善，污水流入河道导致枯水期河道和湿地水质极差，造成城市水环境恶化。因此，需要进行海口市水系规划，采用沟通与监测技术将河道、湿地与水源联网，利用水源网络进行河道和湿地补水。分流南渡江从体系和水量上都有利于水网建设。

d. 西南部山区严重缺水

海口市南部400 ~ 500km^2的羊山地区，历来干旱缺水，人民生活用水以及牲畜用水长期无法满足。为解决该片区的缺水问题，市里已于2003年投资百万元修建抽取地下水的设备。如分流南渡江，支流过这一地区，不仅彻底解决该地区缺水，而且可以不抽地下水，合理利用水资源。

由此看来，分流南渡江利处不少，但关键是其生态影响，因此，要以资源系统工程管理学指导做一个科学的规划，采用适宜技术解决生态影响问题，主要是分流水量的问题、河口泥沙和海水倒灌问题。

③ 分流南渡江保湿地的海口水系规划

规划以资源系统工程管理学为指导，目标是“水网托起循环经济、生态导向节水社会”，最终实现“城在花中，城在绿中，城在水中”，以海口市水资源的可持续利用支持海口经济社会的可持续发展。

（2）南渡江分水口的确定

根据分水工程要遵循生态设计和生态施工的原则，工程分水口初步定在东山镇，工程线路应根据实际的地质条件，按照线路最短的原则进行。

① 南渡江分水工程过羊山地区的原则

南渡江分水工程穿越的西南部羊山玄武岩分布区是海口市的缺水贫瘠地区，由于地理条件限制，功能定位为输水功能，工程形式上可以采用衬砌明渠或涵管形式，同时保证当地人民生活用水与农、畜用水。该片区无法构成水网，也不考虑水系的景观功能，但是可以形成山林景区。经济发展以畜牧业为主，量水而行发展绿色农业。

② 南渡江分水工程过东北部城区的原则

分水工程下游穿越东北部城区，河段功能定位为城市景观河道，纳入整个水网的规划。入平原后尽量与五源河自然河道和湿地相结合。

③ 南渡江分水工程对于河口生态的影响

南渡江分流对河口生态的影响，也是关键性问题，由于河道的分流，降低冲沙能力，会导致河口泥沙数量和形态的变化，带来负面生态影响。笔者在河口考察南渡江泥沙量不大，如分流水量不超过1/3，对河口湿地红树林不致有较大的生态影响；因此，分流引水量拟不超过20亿m^3为宜。同时，应在规划中考虑沿岸种植涵养林等水土保护类具体措施来减少泥沙的下泄量。

④ 海水倒灌问题

分流后原河口入海水量减少，将使海水倒灌更为严重，可以规划在出海口处设挡潮闸与湿地结合，既可以充分拦蓄、利用水资源，又可以防止海水倒灌。

⑤ 西北部靠海城区水网形成

在西北部入海城区，按照生态原则，应尽量不新建平原水库，以保护湿地提高水资源利用率；应利用现有已丧失供水、灌溉功能的小水库形成人工湿地。将这些湿地与城区的河道、排洪沟进行连接，形成水网，联合调度。

⑥ 城区水网与城市建设的协调

规划过程中原则上对于新建城区的河道尽量采用道路与堤防结合的方式，节约用地，尽量减少原有的生态系统的变化。防洪要尽量采用湿地维系与建设蓄滞洪区相结合的方式，汛期用于泄洪，非汛期可用作公园、足球场或高尔夫球场。

⑦ 区域循环经济建立

打造以水产业为先导的循环经济是南渡江分流生态建设的保证。禁止高污染、高耗水行业的发展；污水达标排放，严格污水处理，建设由引水、输水、供水、污水处理、中水回用等产业链构造的循环型水产业。以水产业为依托，发展生态旅游业、生态观光农业，建设生态家园。

南渡江分流是海口以至海南可持续发展全面建设小康社会的大举措，应以生态优先绿色发展观为指导，资源系统工程管理学为依据，充分研究，科学规划，精心组织，措施到位，是我国生态建设的一个典型，是中国人民干出来的，而不是评出来的。在“第十四届国际《湿地公约》缔约方大会”上的这样一个主旨发言，不仅让世界人民看到中国人民在湿地生态修复方面的伟大成就，而且将引导国际潮流。

3.3.2 “金山”——古巴萨帕塔湿地考察

湿地就是“金山”，古巴岛中央残存的萨帕塔（Zapata）湿地是被殖民者摧毁的湿地的典型，由于殖民者的需要把这座“金山”变成了甘蔗田，把“湿地”改成蔗田是一个生态工程，也由一系列工程技术和农业技术支撑，但得失如何呢？通过实地考察做一分析，笔者做了实地考察。

古巴岛面积11.1万km^2，与我国江苏省差不多大，处于北纬20°～24°之间，与我国广东省的纬度差不多；而人口1124万，古巴人均水资源量3355m^3，属丰水国家，年平均降雨量1370mm，水资源量折合地表径流量为345cm，足以维系亚热带森林生态系统，但目前古巴森林覆盖率仅为21%，还达不到温带维系良好生态系统的25%的标准，是由于殖民者伐森林、毁湿地所致。

古巴岛的生态系统大致可以分成三个区域：古巴岛西部是科斯特，即岩溶地形的丘陵和甘蔗田、烟草田；中南部就是萨帕塔湿地，现在为广袤的甘蔗田和牧场；东南部是森林覆盖的马埃斯特腊山区，全岛最大的考托河就在这里。

（1）萨帕塔湿地

萨帕塔（Zapata）湿地，在古巴西南部马坦萨斯省，面积4354.3km^2，本来大部分是湿地，现在多被辟为甘蔗田。

萨帕塔半岛，面对加勒比海，是一个沼泽成片的美丽湿地，陆地湿地连着滩涂湿地，陆水交融，蓝绿交织。萨帕塔国家公园位于马坦萨斯省（Matanza）南部的萨帕塔半岛，是旅游者和潜水者的理想圣地，由于人口少，基本保持原生态，其动植物种群也保存完好，它是整个加勒比岛屿保存的最大最好的湿地。

是鸟类和珍稀鳄鱼的栖息地，在此生息环境中筑巢栖息的物种有古巴鹦鹉、沼泽麻雀、蜂鸟、圣托马斯黑水鸡和鹪鹩等170多种鸟类，还有玫瑰色的火烈鸟。萨帕塔在当地的动物中最值得关注的就是龙彼非尔古巴鳄鱼，它对生存环境要求极高，对其保护和繁衍都需要在一个科研养殖场里进行，而萨帕塔的沼泽是古巴鳄鱼的庇护所。在淡水区域中还有史前鱼类——海牛，包括37种爬行动物和13种两栖动物。笔者考察看到已建立萨帕塔国家沼泽地公园，因鸟类迁徙的聚集地而出名。已经确认的有1000多种植物，其中的130种为古巴特有的。

萨帕塔湿地已入选联合国教科文组织生物圈保护区和国际重要湿地名录。

（2）殖民者变森林与湿地为蔗田的生态后果

出了哈瓦那，车辆越来越少，路况也越来越差，北边是茫茫的大海，南边是一望无际的甘蔗田，由于甘蔗已经收获，只剩下田中刚长出的嫩草，翠绿一片，但很稀疏，还有的地方露出黄土，田埂边有些灌木丛，远处的小山坡上才有小树，想当年哥伦布绕岛航行看到的密不通风的原始森林，早已成了历史。

古巴处于亚热带，水资源折合地表径流深高达345mm，在历史上肯定是亚热带森林生态系统。1492年，哥伦布在巴哈马群岛登陆，从海上新航路到达了美洲，他绕古巴岛航行一周，确定古巴是一个岛，以后他及他的部属把甘蔗带到多米尼加和古巴，结果古巴更适于甘蔗生长。自1515年西班牙人在哈瓦那建城以后，以哈瓦那为根据地大肆屠杀印第安人，仅过了20年，原住岛上的20万～30万印第安人，到了1537年只剩下5000人，不及原来的2%。从而，古巴岛中西部的广大平原都归于西班牙殖民者，大批西班牙人开始经营种植园。引入几种作物后，发现甘蔗和烟草在这里生长得十分快，而且质量高，于是大面积砍伐森林，利用烟草和甘蔗种植技术，不断扩大种植面积，取得了较好的经济效益。

（3）湿地变蔗田的得失

我们驱车在古巴广袤的蔗田上，目前古巴蔗糖由于出口需求不旺已大幅减产，但蔗田还是布满路边。10月份甘蔗已经收获，有植被的生态系统还得以维持，但是蔗田和草地生态系统对地下水位的保持能力和碳汇能力还是无法与湿地和森林生态系统相比。所以，蔗田的草地都发黄，没有森林生态系统那种水肥草美、绿油油的景象；同时古巴的人均二氧化碳排放量为2.1t，在中低收入国家中已居前列，这都是湿地与森林被摧毁的恶果。古巴种甘蔗为主，成为中低收入的纯农业国，如果不是有雪茄烟草的支撑，将成为低收入国家。

① 与森林和湿地相比，蔗田和烟田收获以后地表裸露，大大改变了古巴岛历史上潮湿温和的气候，使得古巴变得炎热、干燥，这对人民生活和经济发展显然是不利的。

② 湿地大大减少，使古巴从一个水资源充沛的国家变成了一个缺水的国家，对人民生活和经济发展产生了巨大的影响。

陪同我们的古巴官员说，如果不伐森林毁湿地，留下这座“金山银山”仅发展旅游等产业，收入就可以提高两倍。

所以，结论是经济建设只依靠先进技术追求一时的高产值是不科学的，一定要“生态优先”，要“贵在原生态”，不能随意改变原生态，而应与自然和谐，充分认识“人与生物圈”这一大系统的规律。

第4章 湿地生态修复工程管理

湿地修复工程管理的基本思想就是习近平总书记对笔者主撰的“新型城镇化的顶层设计路线图和时间表”报告182字批示中的肯定，要“加强系统思维”。大工程是一个复杂的系统工程，如载人航天工程和笔者在国内外从事过10年的受控热核聚变工程，这两大工程都受到中央领导的高度重视，它们都是以系统工程的理论为指导、组织和实施的工程。湿地修复工程也是这样的工程，所以管理的指导思想就是系统论。

4.1 湿地生态修复工程是复杂巨系统工程

湿地生态修复工程是典型的复杂巨系统工程，因此，对于湿地生态修复工程的管理，要在系统工程理论指导下进行。

首先，要注意其子系统的构成，在湿地里至少集合了潜育层、水和动植物三大子系统。

其次，要重视系统的层次，在湿地中潜育层又可分为潜育层和土壤层；水又可分为地表水和地下水。动植物系统又可分为动物系统和植物系统，而植物系统又可分为浮水植物、挺水植物和沉水植物。

再次，要考虑子系统之间的关联，子系统与子系统间、子系统与系统间、系统与外部环境间都按一定关系相互影响、相互作用，如潜育层和土壤层实为一体，相互影响，相互作用，地表水和地下水也是这样。

最后，要按规律运行，系统内部按一定的规律有序运行，如水生态子系统按水循环规律有序运行；湿地陆水交融，陆和水按气候变迁转换，地表水和地下水保持平衡。植物系统按乔灌草的规律有序生长。

4.2 湿地修复工程项目可行性研究

工程项目可行性研究，是指在工程项目决策之前，以系统论为指导对拟建工程项目进行全面的技术经济分析和论证，并对其做出可行或不可行评价的科学方法。它是工程项目前期工作的主要依据，是工程项目建设程序管理的最重要环节，也是工程项目投资决策中必不可少的工作程序。湿地修复工程项目可行性研究，是在工程投资决策之前，全面深入调查研究与拟建工程项目有关的自然、社会、经济和技术资料，系统分析可能的工程项目建设方案，预测评价项目建成后的社会、经济和生态效益，在此基础上综合论证项目建设的必要性，经济上和财务上的合理性，技术上的先进性、创新性和适用性，建设条件上的可能性和可行性，从而为工程项目投资决策提供科学依据的工作。

从湿地生态修复的工程项目可行性研究将归纳出三个方面的内容：一是分析通过市场预测论证工程项目建设的“必要性”；二是分析论证工程项目建设的“可行性”，主要是通过对工程项目的自然环境、建设条件、技术分析等进行论证；三是通过效益分析论证工程项目建设的“合理性”（经济上的合理性和财务上的营利性），工程项目投资建设的合理性分析是工程项目可行性研究中最核心和最关键的内容。

工程项目可行性研究的作用，主要是通过对拟建工程项目进行规划和技术论证以及经济效益的技术经济分析，经过多方案比较和论证评价，为工程项目决策提供可靠的依据和可行的建议，并对工程项目是否投资和怎样投资做出明确的回答。

它依据的学科是技术经济学，笔者是中国技术经济学会的顾问（原副会长），是原北航经管学院院长、技术经济学科的一级教授，为白洋淀全面生态修复的藻苲淀退耕还淀生态湿地恢复工程（一期）做了可行性研究报告，具有权威性，应是这项工程的指导和规范。因此，工程项目可行性研究是保证工程项目以最少的投资耗费获取最好投资效果的科学手段。通过工程项目的可行性研究，可以减少以至避免投资决策的失误，强化投资决策的科学性和客观性，提高工程项目的综合效益。

湿地修复的可行性研究是银行贷款的根据，是投标文件的依据，因此，是一个法规性文件，应以契约的形式约束中标公司。

4.3 湿地修复工程招投标原则

湿地生态修复工程单位的选择要严格按照招投标的公开、公平、公正和诚信的原则进行。

4.3.1　招投标的概念及特点

招标是指由招标人发出招标公告或通知邀请有资质的投标商进行投标，即公开招标。最后由招标人通过对各投标人所提出的价格、质量、交货期限和该投标人的经营信誉、技术水平、财务状况和人员素质等因素进行综合评选，确定其中最佳的投标人为中标人，并与之签订合同的过程，白洋淀大修复工程属于这种情况。对于小项目，招标人也可根据自己的需要，提出一定的标准或条件，向符合资质条件的投标商发出投标邀请。

所谓投标，是指投标人接到招标通知或看到招标公告后，根据招标要求填写招标文件（即标书），并将其送交给招标人。招标投标是市场经济的一种竞争方式。它的特点是唯一的买主设定标的，邀请若干个卖主通过秘密报价进行竞争，从中选取优胜者，并与之达成交易协议，随后按协议实现标的。

4.3.2　招投标的原则

招投标应遵循公开、公平、公正和诚信的原则，关键是评标委员会的组成。

依法必须进行招标的项目，其招标投标活动不受地区或部门的限制。任何单位或个人不得违法或排斥本地区、本系统以外的法人或其他组织参加投标，不得以任何方式非法干涉招投标活动。所以，招标投标活动及其当事人应依法接受监督。招标必须遵守下述原则：

（1）公开原则

一是指项目的信息公开，以让尽可能多的投标者了解招标项目信息；二是指关于项目合格投标者的标准和项目投标文件评估的优劣标准公开，使投标人对是否参加投标以及如何编制投标文件有充分的估计（包括投标风险的估计）；三是指有关评标的方法应公开，不许“暗箱”操作。

（2）公平原则

所谓公平，一是指与招标投标有关的信息对所有投标人应来源一致，而且共同享有；二是指投标人在资格符合国家规定的条件时，只要资格评估符合项目要求，评标标准和方法应该相同，不应制定针对部分投标人的标准或使用不同的方法。

但要注意的是，在招标投标活动中，公平原则并不意味着平均主义。

（3）所谓公正

所谓公正，一是指招标人应当正派，不徇私；二是指评标的方法应符合国家的政策并采取公布的方法；三是指评标的结果，符合法律与社会道德标准；四是指招标人组织的评标委员会专家组成应合乎相应的职业资质，同时应有良好的职业道德。这一点尤其重要，目前一般采用从专家库中随机抽取的方法，这方面经常出现问题：① 专家库必须储有足够数量的本工程领域的有资质专家；② 上述专家应尽可能多，否则应另择更合格的专家库，从2～3个库中抽取；③ 抽取一定在第三方严格监督下进行，严格的依法进行，不能有任何形式的作弊行为。

（4）诚实信用原则

诚实信用是招标投标的基础。诚实信用，一是指招标人应向所有潜在投标人告知与项目招标投标同样的有关的信息；二是指在任何情况下，招标人与投标人之间是处于平等的民事地位，无论在行使权力或是在履行义务时，都应当诚实；三是招标人在招标过程中不能对招标文件有关承诺有任何违背，同时投标人也不应违背投标文件的有关承诺；四是招标人与投标人均不应在评标过程或投标文件中有排斥或不利于其他投标人的任何行为。

（5）评标委员会（或小组）的组成是重中之重

目前招投标制度已经依法认真执行，但问题往往出在评标委员会（或小组）的组成。疏于监管。

除去目前已有的要求外，补充如下要求：

①评标成员是必须有从事湿地修复的实践，或发表过重要刊物的相关文章。理论实践都没有，如何评标。

②必须有至少1名项目所在区域的群众或基础干部代表（不受①项的限制).

③在一个区域（如白洋淀）在若干年内有多个项目的情况下，必须对评标成员意见的正确性予以记录，2次以上与中标结果不符的，不再聘请。

4.4 湿地生态修复工程项目合同管理

投标人中标后应依法依标书与招标人签订工程合同。

4.4.1 合同的含义

合同即契约，是指双方或者多方当事人，包括自然人和法人，关于订立、变更、解除民事权利和义务关系的协议。合同具有下列法律上的特点：

（1）合同是当事人双方的法律行为

这种法律行为使签订合同的双方当事人产生一种权利和义务关系，受到国家强制力即法律上的保护，任何一方不履行或者不完全履行合同，都要承担经济上或者法律上的责任。

（2）双方当事人在合同中具有平等的地位

双方当事人应当以平等的民事主体地位来协商签订合同，任何一方不得把自己的意志强加于另一方，任何单位机构不得非法干预，这是合同双方权利、义务相互对等的基础。

（3）合同必须遵守相关的国家法律

合同是国家规定的一种法律制度，双方当事人按照法律规范的要求达成协议。合同必须遵循国家法律、行政法规的规定，从而为国家所承认和保护。合同制度是一项重要的民事法律制度，它具有强制的性质，不履行合同要受到国家法律的制裁。

4.4.2　合同的特点

工程项目合同是由各个不同主体之间的合同组成的合同体系：

（1）严格的法规性

湿地生态修复工程是基本建设，是国民经济的重要组成部分。因此，在工程项目合同的签订和履行过程中要符合国家有关法规的要求，严格遵守国家的有关法律、法规。

（2）工程项目的特殊性

湿地生态修复工程项目不是一般产品或生活消费品，而是生态文明建设的一种手段，是把绿水青山变成金山银山的主要形式，必须高质量完成，反映着我国国民经济的生产能力、生产规模和速度，并不断为满足整个社会物质和文化生活的需要创造新的物质技术基础。

（3）严格的国家监督

白洋淀的生态修复是“国家大事，千年大计”，双方当事人签订工程项目合同，必须以《河北雄安新区总体规划（2018—2035年）》为前提，经过有关机关批准；在合同执行过程中，要接受国家有关部门的监督，国家行业主管部门国家生态环境部、国家自然资源部林业草原局和国家城乡建设部等部门应直接参加工程项目的竣工验收检查。

4.5　湿地生态修复工程管理组织

为确保湿地生态恢复工程的前期准备和日常管理等活动能够顺利进行，并按照现代企业管理模式运作，工程本着“政府指导、企业运作、区域受益、居民受惠”的原则，应采取以下管理方式对项目实施进行管理。

1. 工程实施指导小组

成立湿地生态恢复工程实施领导小组，由主管领导任组长，相关部门领导为成员，负责项目规划方案制定、实施协调、资金筹措和预算审批等。领导小组下设项目办公室，相关领导任办公室主任，负责项目的日常管理工作，包括人事管理、经费调拨、项目进度监督、考核、奖惩等。

成立湿地生态恢复工程技术专家组，对湿地生态恢复工程具体项目给予技术指导。

2. 咨询专家组

咨询专家组人员由水利、生态、环境等相关领域知名专家组成，协助领导小组进行项目决策、实施指导和进度监督。

3. 技术专家组

技术专家组由业主、监理、施工竞标公司和专家进行推荐，负责对项目实施方案的技术审定，实施计划及可行性分析，以及提供技术咨询等。

两组专家均根据需要，聘请部分专家作为兼职责任专家，给予报酬、肩负责任。

本工程实施组织管理机构见图4-1。

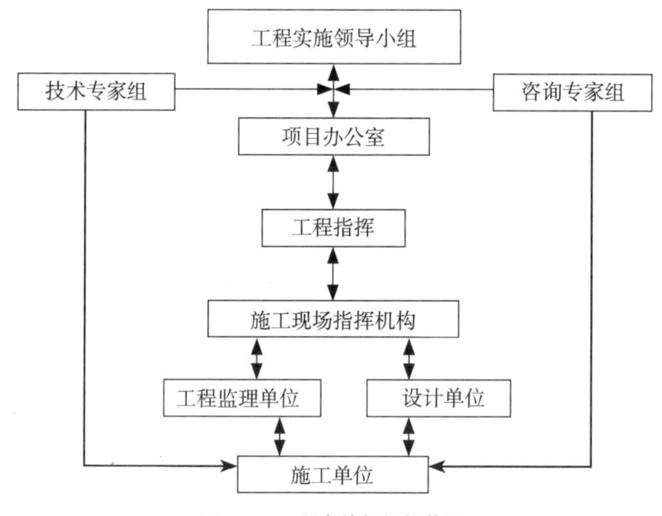

图4-1　工程实施组织机构图

4.6 湿地修复工程项目目标管理

选址和总体规划完成后，就可以开始修复分项的具体规划和设计准备工作。

4.6.1　项目的目标管理

将湿地的功能价值与生态修复联系起来，在开始具体规划之前，就需要确定施工最终产品的目标，进行目标管理。这些目标可以分为功能和价值两类：功能被定义为生态系统的任何可量化属性；价值是对这些功能的估量。与其他建设项目不同，湿地项目的规划需要设计团队有灵活性。湿地的外观和功能只能进行一般预测，并会发生季节性变化，所以湿地的价值和功能随时间的推移而在一定范围内变化。

修复或恢复的各个方面都要与成功实现目标相协调一致，而修复或恢复是否成功要参照项目所达到的目标来确定。总之，价值功能包括：生命维持、水文改造、水质改善、保护侵蚀和潜育层保护等。

应对这些功能价值进行系统研究，以确定它们的兼容性。在一个方面取得成功可能会损害生态系统的另一个有价值的方面。因此，湿地修复规划要想成功，最应该注意“湿地贵在原生态”。

湿地修复必须遵循四元参与理论，但湿地修复项目很难拆分成独立的子项目。承包商与专家需要相互理解对方的工作和专业方法，这比在其他项目中要难得多，单方采取的看似小的行动可能会产生超出个人专业范围的无法预见的后果，设计和规划应该是所有学科集成到一个湿地系统。尽管可能会大幅增加成本，可在施工阶段要不断进行修正或修改。

植物的选择是因地制宜的，必须结合土壤和种植技术。物种的选择最好让植物学或生物学专家去做。在规划工程与环境的协调时，考虑的因素包括：地形、水位、水质、湿地道路和潜育层破坏的适宜性。植被选择必须在规划的早期进行，因为种植需求将决定许多规划其他的方面。

4.6.2　以水为主的项目管理

湿地修复的管理将取决于水的供应和控制。水的控制，无论是水文还是灌溉，将成为具体修复规划的每个阶段的重要内容，供水预算和需水的分析要纳入规划。要说明在施工过程中是否需要临时用水、引水或蓄水。相关的问题包括：湿地的部分是否需要排水？临时改变现有的水文状况是否会对水质造成不良影响？

通常，在施工之前或施工期间，工地需要水流分流或排水，导流可以用多种方法来完成。在雨季的地点或在地下水位以下挖掘的地点，最简单的选择是在旱季施工。在主要是淹没的湿地，可以采用导流、挖沟、抽水和降压等方法。可兴建临时渠道及溢洪道，以防止该地点过早浸水，并容许车辆通行。当水量超过设计流量时，可能有必要在防洪施工期间安装一条紧急溢洪道。

新的植被很容易遭受侵蚀、淤积、迁移，对新生植物极具破坏性。施工过程中必须考虑旱地、现场和堆积土的可蚀性。在任何情况下，侵蚀都可能妨碍播种工作。如果流域内存在可侵蚀土壤，则可能需要沉淀池和其他侵蚀防护措施。

在种植或播种与挖掘同时进行的地方，侵蚀造成的损害可能特别严重，尤其是大型湿地气候条件将使基地在很大程度上受到不可预测和无法控制的因素的影响，降水和风可以冲刷和沉积未受保护的土壤，使用地面车辆可能会导致空气粉尘。种植应该从上游方向开始，并从风吹的方向开始，以保护植物不被水和风携带的沉积物所侵蚀。

4.6.3 工程地图在管理中的作用

在湿地修复规划中需要勘测和测绘。要小比例地形图，按规划实地调查和审查待保存植被的位置，需要确定挖填区域的位置，应该绘制一张统一底图来显示：湿地的范围、等高线、土壤类型、水质清澈度和现有的植物物种。这些信息与设计规范一起构成了施工图纸和计划的基础，应包括：

（1）施工活动的边界，包括清理和清扫的界限；

（2）施工设备通道和运输通道；

（3）警戒区或危险区域的位置；

（4）公用事业的通行权和接触权；

（5）临时用地的数量、位置和尺寸；

（6）不应受到干扰的植被区域；

（7）堤防或护堤和溢洪道的位置、长度、顶宽和底宽、高程、上下游坡度和渗透性；

（8）水利构筑物的类型、大小、位置、材料及标高；

（9）湿地高程、坡度和等高线及允许公差；

（10）湿地植被的种类、供应来源、种植间隔、种植日期和预期存活情况；

（11）施工设备的类型、尺寸和数量；

（12）现场施工的监理规定。

湿地项目的目标是实现可量化的和可限定的功能价值。项目的既定目标应该是可行的和灵活的。没有功能的灵活性可能导致过多的维护费用和潜在的法律责任。必须谨慎地在合同中陈述项目的最终质量。

4.7　湿地修复工程项目进度管理

所有的项目目标都必须有一个完成的时间表，在严格的时间框架内，在生物系统限制下实现目标是困难的。尤其种植计划是一个特别不确定的因素，这个时间表会受天气和其他因素的影响而改变，所有其他活动都应围绕这个时间表。

4.7.1　工程项目进度指标

工程项目进度管理的基本对象是工程项目的建设活动。可以用如下几种方法定量描述进度：

（1）以持续时间定量描述

整个工程项目具体活动的持续时间是表达工程项目进度的重要指标。人们常用已经使用的工期与工程的计划工期相比较以描述工程完成程度。例如，计划工期2年，现已经进行了1年，则工期已达50%；工程的效率和速度函数不是一个直线，通常工程项目开始时工作效率很低，工程建设速度较低，到工程项目建设中期投入最大，工程建设速度最快，而后期投入又较少。

（2）以劳动、工时和成本等消耗指标定量描述

一个工程项目有不同的单项和单位工程，它性质不同，应挑选一个共同的、对所有单项工程、单位工程以及具体工程项目建设活动都适用的计量单位，最常用的有劳动工时的消耗、成本等，有统一性和较强的可比性，从具体建设活动直到整个项目都可用它为指标，这样可以统一分析尺度，但在实际工程中要注意如下问题。

4.7.2　工程项目进度管理

工程项目进度通常是指工程项目实施的进展情况。在工程项目实施过程中要消耗时间（工期）、劳动力、材料、成本等才能完成工程项目建设的任务，项目实施结果应该以工程的数量来表达。在现代工程项目管理中，应将工程项目任务、工期、成本有机地结合起来，形成综合的指标，以全面反映工程项目的实施状况。进度管理已不只是工期管理，而且还将工期与工程实物、成本、劳动消耗与资源占用等统一起来。

4.7.3 工程项目进度主要影响因素

有效地管理工程项目的进度，就需要对影响工程项目进度的众多因素进行分析，预先采取相应的措施，尽可能地减少进度计划与实际情况的偏差，实现对工程项目建设进度的引导管理。影响工程项目进度的因素很多，如技术因素、材料和设备因素、地质因素、气候因素以及环境因素等。总的说来，影响工程项目进度的因素可以归纳为以下三个方面：

（1）错误估计了工程项目的特点及工程项目实现的条件。对设计与施工中的重点和难点精准清淤未进行必要的科研和实验，建设资金没有及时到位，对各承包商的进度协调不力，对工程项目的自然环境因素如水文条件和社会环境因素以及拆迁和移民调查不充分、措施不当。

（2）工程项目参与者的工作错误。项目参加者主要有开发商、工程监理单位、设计单位、施工承包商及分包商。项目参与者的工作错误包括：开发商在处理工程项目建设过程中某些关键问题时没有及时做出必要的决策，如清淤的手段。工程监理单位协调与管理的作用发挥不够，如来不及检查。设计单位工作不力，如未检验适宜比例的图纸；各级政府主管部门、监管部门拖延审批时间，如未及时批准拆迁；承包商与分包商互相间配合不协调等。

（3）不可预见事情的发生。包括：工程事故、自然灾害和恶劣气候等。

在这几类因素中，第一、二类是完全可以采取相应的措施，彻底清除或尽可能减少其对工程项目进度的影响。而第三类因素尽管不能避免其发生，但也要事先制定对策进行风险管理，以防到时措手不及。

4.8 湿地生态修复工程措施注意事项

湿地生态系统修复的计划订出后要注重以下三点，一是以过程调控为主；二是启动生态系统的自发修复过程；三是注重生态景观间的积极协同作用。

4.8.1 充分利用生态系统的自发修复机制

自然生态系统是有很强的自恢复能力的，通过自然过程来修复受损生境是最行之有效的方法，因为它能长期自我维持、投资少，而且适用范围广。由于稳定的自然生境依赖于稳定的土壤、功能良好而完善的水分循环过程，以及完整的物质循环和能量流动过程，所以其中任一功能如果遭到了破坏，都应成为修复的对象。从长远来看，这些过程良好运行依赖于植物生长引起的自发调节作用，这种自发调节作用正是由于改善植被引起的环境条件改善、土壤有机质累积和地表覆盖增加等形成的。通过植被改善环境条件是生境修复的关键步骤。运行不良的水分、养分循环过程会限制植被的生长，进而抑制自我修复过程。要想为自发修复机制创造有利的条件，需要改善地表条件，减弱非生物环境因子的影响。

从根本上来讲，植被是决定自然生态系统修复能否成功的关键。被选择的物种必须能够生存、繁衍，并满足管理的目标，或者可以促进其他物种的存活，以实现最终修复的目标，种植地和种植方法对于实现修复目标也都有特别重要的影响。

4.8.2　制定生态修复过程调控策略

生态系统自身的恢复能力对修复过程至关重要，自然生境的修复通常强调像物种、养分等结构因素的重建和修复，但忽略了生态系统中遭受损坏的动力学结构、能量获取和养分循环等因素的修复。要强调以过程调控为主的措施，主要强调对于资源流动及其调控机制的管理，并首先评价主要生态过程的功能及基本的水分和养分循环。

多数健康的生态系统可以通过增加有机体来发挥和维持一定的生物作用，实现对养分和水分循环的调控。受到破坏的生态系统，其内部的生物结构被损坏，因而降低了对于养分和水分循环等过程的控制能力。考虑对水文动力学功能及其机制的修复是调控资源流动的关键。严重受损的生态系统中存在限制修复的物理因素，必须通过减少地面侵蚀、保护土壤表面、增加渗透、提高土壤保水保肥能力、改善土壤微环境来减弱或消除。

4.8.3　实现与生态景观间的协同

事实上，区域景观内的每个组分都处在一个水分、养分、土壤、有机体、种子等繁殖体不停地相互影响的系统中，这些资源在生态系统中有着重要的作用，在景观区域内，资源流主要受地貌和微观地形的控制，对于任何一种地貌类型，最有效的修复措施就是与生态景观协同。

关于自然生境修复，还有许多潜在的问题尚未研究。这些问题只能通过对最基本的景观生态过程的不断中间试验和深入研究去解决，为此必须针对具体景观过程加以引导，使其向实现有效管理的目标发展。现在，引导景观功能发展的能力也远远不够。但是近年来实践经验和知识积累为自然生境的生态修复工作提供了理论基础。

我们必须站在景观全貌的高度来认识自然生境，要将生态系统看作是一个多层次、等级化的序列，一个由生物个体、种群、群落和景观组成的多级结构复合体。处于生态系统任何层次的生物都与其所处的环境相互作用，形成针对某一生态过程的特定功能体系，并在特定的时间和空间上通过物质循环和能量流动等发挥作用。就可以通过其有序性评价一个复杂生态系统。一个生态系统内的每一生物等级都是重要的，要想更好地认识每一生物等级的结构和功能，对其上级和下一级都需要了解。

4.9 依法管理湿地生态修复工程项目

湿地生态修复不但需要按招投标、施工和验收等通用法规管理，还要建立《湿地管理法》。做到湿地生态修复“有法可依，有法必依，违法必究，究办必力”，对施工单位和党政干部问责与离任审计制度，以及平时加大力度的环保督察，都是最有效的管理制度和方法。

如果有正确的资源观作指导，我们的实际工作就可能取得好的成效，湿地问题长期受到忽视和不科学治理的状况就能得到改变。

湿地是国有资产，是国家治理的一个组成部分，要依法进行。长期以来，湿地的所有权在法律上得不到有效的确认和有力的保护，关于湿地的法制观念在人们的头脑中淡薄。由于无法可依，或者执法不严、破坏严重，并由此产生了日趋突出的湿地问题。

一些地方和部门对湿地的“地球之肾功能”和湿地修复“贵在原生态”认识不清，对湿地的净水、碳汇、防洪、涵养水源、调节气候和为居民提供宜居环境这些功能，以及这些金山银山更缺乏了解。因此，出现了湿地生态修复“占地挖坑，抢水放水，乱栽花草，建抽象标志性建筑物”这种模式的“湿地热”。对湿地主要是修复，而不是占地，甚至占基本农田“挖坑”；湿地可干干湿湿，不能抢占其他用水“放水”，在西北和华北地区，更不能破坏当地水平衡。湿地有自己的独特生物系统，不能“乱栽花草”，更不能不经实验乱引外来物种；湿地有自己当地的传统特殊文化，不能找大师乱建“抽象的标志性建筑物”。

这些问题不仅要在湿地建设的规划和施工中解决，在湿地生态修复的管理过程中同样甚至更加重要。目前这种情况正在改变，关键是政府的适度干预，而政府干预必须依据资源法律和相关的环保法律，用法律的手段来约束，作为资源合理开发利用的最根本保障，湿地开发不能以旅游的经济利益为第一位。

4.10　湿地修复工程管理案例

本节介绍笔者亲自主持制定规划、监督管理实施的3个湿地修复案例。笔者在国际会议上发表演讲陈述中国湿地修复工程管理的理解和经全流域考察对国际河流湄公河流域国际协同管理和其同治分析与建议。

4.10.1　潮河源湿地修复

笔者主持制定《21世纪初期（2001—2005）首都水资源可持续利用规划》（以下简称《首都水资源规划》）的初衷是在1998年大洪水之年与时任北京水利局局长刘汉桂探索“大水之年防大旱”，没想到一语成谶，北京自1998年大水后连旱10年至2008年北京奥运会。此后北京奥申委又任命笔者为北京奥申委主席特别助理，要为北京奥运保水。

党中央、国务院、北京市、水利部、全国节水办和北京水利局上下一心，制定并实施了《首都水资源规划》，这一规划实际上是法规性的文件，为以后的实施提供了保证，也开创了先例。

所以，得到钱正英主席（清华水利系毕业）、张光斗院士、中科院常务副院长孙鸿烈、徐乾清院士（水利部副总工程师）和江泽慧院长（湿地专家）等权威专家的一致高度评价，被汪恕诚部长称为：“我所见到的最好的水资源规划”，成为以后国家水资源规划的样板。

在这一规划中本着保护、修复水源地的指导思想，依法依规严格管理修复了滦河源、桑干河滩和官厅水库三处湿地。

密云水库是1958年在周总理直接关心下由张光斗院士设计的保北京饮水的水库，潮河和白河汇入，库容43.75亿m^3，控制潮白河流域面积，约1.58万km^2，占88%，水库主要水源来自潮河，而潮河源是潮河湿地。潮河长55km，历史上到风期洪水如潮因而得名。

笔者在承德调查时，当地有的农民介绍每户每年要搂10亩地的柴草来生火，实际大约有20亩也不一定够，以15亩计，10万户每年就彻底破坏了1000km^2的植被。《首都水资源规划》中提出要以户为单位建设沼气替代柴草的生态措施试点，国家有了投入，每户出1/3，以工代价1/3，规划投1/3，沼气灶就能普及，生态示范区就能建设，既改善群众生活，又是保护植被的具体管理措施，落实到户。

地区农业用水量占总用水量的70%以上，用水效率很低，在密云上游地区发展节水灌溉面积30万亩，年可节水0.85亿m^3，落实到每一块地。实施节水工程，提高水资源利用效率，又是管理的具体措施。

通过各项管理措施，上游地区年可节水5.06亿m^3。所节水量，主要用于当地经济发展；保障北京入境水资源量，保证了北京奥运会用水（图4–2）。

图4–2　2010年笔者获“全国优秀科技工作者”称号，该奖主要表彰笔者“以复合型生态工程的理论与实践在申办和保证北京奥运以及首都供水方面做出的突出贡献”。

在密云水库上游承德地区又建设了京承生态农业示范区，通过沼气灶推广使用、绿色食品生产基地、中草药保加工等项目建设，以制度保证对周围地区的辐射和带动作用。

4.10.2　以“河长制”管理理念修复官厅湿地

为保证北京奥运会用水，《首都水资源规划》决定从山西册田水库集中输水到官厅水库，主通道是桑干河，历史上就常断流，故名桑干河，自20世纪70年代已完全干涸，仅有《太阳照耀在桑干河（床）上》，河滩湿地不复存在，大大影响输水效率。

由于华北尤其是北京上游地区连年干旱，官厅水库日益萎缩，水深已不足1m，而且工业废水排放污染更是雪上加霜，沼生植物大部分已经死亡，到20世纪80年代官厅水库已退出了北京饮用水源，就是说不再向自来水厂输水，由于当时南水北调有争议，尚未着手工程规划，使密云水库成了除地下水外北京的单一地表水源，没有备用水源，这个严重问题，必须解决。

笔者作为全国节水办公室常务副主任，1998年新一届政府三定方案，全国节水办公室的职能已转变为全国水资源管理配置，提出的解决办法就是“保住密云，挽救官厅”。“挽救官厅”的办法就是补水，第一个问题是水源在哪里？河北和北京都缺水，天津也缺水而且在下游，所以只能从山西找水源，最近的大水源就是山西大同的册田水库，能否取水要通过管理协调。第二个问题是输水通道在哪里？从册田水库到官厅水库有桑干河道可以输水。第三个问题，这次输水涉及晋、冀、京三省市，如何协作，要通过系统管理实现。

今天“河长制”的理念已经形成。以这种理念可以充分发挥国家集中力量办大事的体制和全国节水办公室机构协调两省一市的作用。北京市是受益方自然欢迎，当时的北京市领导还表示愿意出资。山西经笔者做工作，省领导以大局为重在大同市领导和水务局的大力支持下同意无偿集中放水。而最大的问题在河北，桑干河多年断流，河滩湿地已种上了玉米，收获季节未到，砍掉阻水庄稼治岸农民受损失，当时沿岸农民平均年收入不足2000元，河滩玉米对他们的生活有不同程度的影响。笔者召集沿河阳原、逐鹿和怀来3个县8位领导，宣示执法，按《水法》水资源是国家所有，不是省所有。按《河道法》，在河道种庄稼是违法的，大家向上查两代，谁家不是农民？农民也无权违法。同时违法不能承诺国家赔偿，我们公务员的责任就是执法，不能逃避责任。经过激烈的争论，在笔者表态对可能出现的意外情况负责后达成一致，各县专人负责管理，指导监督农户砍掉阻水庄稼，使集中放水得以成行，保证了北京奥运会。

（1）决策是管理的第一程序

2003年北京在连续经过4个半旱年以后，潮白等水源河流已形不成径流入库。到8月底，北京供水储备已不敷10个月之需，形势十分严峻。

① 对集中放水的调研

鉴于首都水资源的形势，笔者于7月26 ~ 27 日主持召开了首都水资源可持续利用协调小组密云会议，决定分3个小组对规划区北京上游的河北承德市和张家口市、山西大同市和朔州市进行全面检查。实际上自2003年初以来，山西一直以1m^3/s左右的流量下泄，但如此小的流量经过180km的河道和干涸的河滩湿地到达官厅水库时，已是滴水无收了。针对这种情况，笔者提出了采用集中输水的措施，以确保收水效果的设想，得到了山西省水利厅的认可。

② 集中放水的决策

决策形成以后，2003年8月25日，笔者检查了大同市御河治理工程和御河灌区节水改造工程。与大同市马福山副市长、大同市水务局有关领导进行座谈。大同市表示同意协调小组放水5000万m^{3}的设想，不讲任何条件全力完成年度目标。确定了东榆林水库和册田水库联合调度，东榆林下泄1000万m^3，册田水库下泄4000万m^3的方案。

（2）集中放水的责任管理

管理必须主要负责人抓才能解决问题落地实处。2003年8月26日晚，笔者到太原，与山西省水利厅李英明厅长座谈。李厅长表示，集中输水工作已向范堆相省长作了汇报，山西省领导完全支持协调小组的决定，并表示以前小流量下泄水量可以忽略不计，山西省无偿下泄5000万m^3的水，水质达到Ⅱ类（图4–3）。

图4–3 笔者为北京申奥2003年历史上山西册田水库首次向北京集中输水5000万m^3按启闸键使桑干河滩湿地修复

在决策过程中还遇到因桑干河河道长年无水，当地农民在河滩湿地种植玉米、高粱等庄稼尚未收割和河道中有阻水建筑等种种问题，大家在规划指导下顾全大局，使得问题得以一一解决。

（3）集中放水的过程管理

长达180km的输水线路绝大部分在河北境内，要管理输水的全过程。

① 河北省输水前的准备工作

2003年9月11日，“21世纪初期首都水资源可持续利用规划协调小组”下发了《关于从册田水库向官厅水库集中输水工作的通知》以后，河北省高度重视，省协调领导小组专门下发了集中输水实施方案，张家口市在县、乡、村各级人民政府均组建了调水领导小组，及时发出公告，指导当地群众，全力配合输水工作，输水经过的各路口都设立了警示牌，明确了专人24小时值班，河滩地种植的农作物除了向日葵、水稻不能抢收外，种植的玉米基本抢收完毕；阳原县桑二灌区引水口双层封堵，壅水坝已经拆除。河北涿鹿县城排污封堵工程已经完成，于2003年9月25日做好了输水前的一切准备工作。

② 桑干河河北段集中输水过程

山西册田水库于2003年9月26日11：10正式开闸放水。

2003年9月27日16：00，册田水库的水抵阳原县揣骨疃大桥。由于河道多年不过水，形成坑洼，比预计时间迟到4小时。流量为15～20m^3/s，流程达55km。

9月28日8：00，册田水抵阳原县八马坊，由于河道多年不行洪，主河道不复存在，流水漫滩，前进艰难，流程仅为62km。

9月29日16：50，册田前锋水头进入涿鹿县境，到19：50，册田水正式进入涿鹿县境，初期流量为8m^3/s，流程123km，距放水时间77小时40分。

9月30日8：00左右，册田水流出涿鹿县境，到11：06，册田水进入官厅水库，距放水时间96小时，入库时流速为8.29m^3/s，至此，册田水库集中输水全线过流。

到10月11月，北京收水3000万m^3，确保了奥运用水，虽输水效率仅为60%，但基本修复了桑干河河滩湿地，为以后的集中输水尤其是长年下水创造了条件。

（4）修复官厅水库这块人工湿地

官厅水库于1951年10月动工，1954年5月建成。流域面积47000km^2，主要入库永定河，支流有洋河、桑干河和妫水河，控制永定河流域面积约为4.34万km^2，占流域的92.3%，总库容41.6亿m^3。

官厅水库建在河北怀来县和北京延庆县之间，主要依托黑水洼湿地系统。当地居民利用这片塞上江南世代耕种。水库移民111个村，5.3万人，成了一个湿地水库，平均水深仅1m。

但到20世纪末，由于泥沙淤积、工业污染，官厅水库不但退出了北京饮用水系列，而且水质一度达Ⅴ类，到了非治不可的程度。

《首都水资源规划》采取了一系列措施，首先是在官厅上游地区发展节水灌溉面积98万亩，年可节水1.84亿m^3，其次是在官厅水库上游张家口地区大力调整现状产业结构，发展适宜的高新技术产业，用高技术改造传统产业，然后是大面积植树造林恢复生态。这些工作使水质达到Ⅳ类。也为2022年北京东奥会打下了初步基础。

最近几年，上游地区处理污水能力不断增强，水库周边地区综合治理措施逐步实施（湿地、库滨带、禁渔），水库的自净化能力提高，出库水质有所好转。北京市已于2021年提出在此基础上，2035年恢复官厅水库饮用水的远景目标。

4.10.3　苏州湿地系统管理体制创新

目前由《国际湿地公约》秘书处提出了“国际湿地城市”的认证，我国有哈尔滨、海口和银川等6个城市入选，不仅数目最多，城市规模也最大；法国城市居第2位，但除一个中等城市外其余实际是镇；韩国城市也参加了评选，居第3位。所以基本上是以中国和法国为主的亚欧城市评选，在其中对评选起重大作用的美国却没有一个城市入选。

国际湿地城市的认证在科学性、示范作用和实际作用上存在不少问题，笔者主持的中国苏州湿地生态修复应该是国际样板。

（1）国际湿地城市认证的科学性

《国际湿地公约》秘书处提出的评选条件主要有两点：第一个条件是湿地占城市面积的10%以上。这个条件不适合中国国情，中国是市管县，不少城市面积达上万平方公里，和外国城市只限中心城区完全不同，如巴黎这样的世界大城市只有105.4km^2，凡尔赛宫园林湿地和布隆涅湿地两大片就差不多有10%，但巴黎并不参选。达到10%就要有上千平方公里的湿地。而我们湿地面积仅占图上面积的3.77%，也就是说在城市周边要把湿地再扩大两倍，这不仅不符合中国国情，也不符合自然规律。

第二个条件是已进入国际湿地或本已评出的国际重要湿地。在其中再来一次选拔，以一个国际公约的秘书处不仅权威性不足，也没有必要。而且在我国缺水严重的西北和华北盲目扩大湿地，会破坏我国尽极大努力已经配置的科学的水平衡，弊远大于利。

什么是国际湿地城市呢？它首先要是一个现代的国际化城市，而不是看有多少湿地。

任何一种大规模评比，无论是国际的还是国内评比都是为了人民的福祉，要人民有获得感，笔者在联合国教科文组织任科技部门顾问时促成在北京召开国际科技工业园区协会世界大会的评比本着这个原则；在国内任全国节水办公室常务副主任主持全国节水城市评比时也是本着这一原则。要做到这一点首先是科学性，笔者在中央领导长篇批示的调研报告中（后据此成书《新型城镇化的了解设计实践图和时间表——百国城镇化实地考察》2013.4北京航空航天大学出版社）指出了一个现代城市应用道路网、水网、绿环网、文化网、电力/热力网、废污物处理网、信息网和产业网等八网，湿地城市的建设就应与这八网统筹规划、互相协调，例如道路网和湿地的空间布局；湿地应在水网和绿环网统一规划形成城市的生态廊道和屏障；要作为废污物处理网的一级；这些才应该是国际湿地城市的真正标准，而不是简单的湿地占城市面积的比例和在已有湿地评选中再拔尖，这样才有评比的实际意义。

威尼斯和苏州被公认为国际两大水乡城市，不仅有纵横的河流，也都有大批的湿地，不同的是威尼斯是海岸滩涂湿地，呈咸水（淡咸水混合，盐度很低），而苏州是内陆湿地，是淡水。威尼斯和苏州才是真正的最典型的国际湿地城市。

（2）苏州湿地生态修复是国际样板

湿地、森林和海洋是国际共识的三大生态系统。江苏在我国湿地大国中占有十分重要的地位。江苏的太湖、高邮湖、洪泽湖和骆马湖是从杭州经大运河到东北湿地这一纵的重要部分和运河的主要水源补给；江苏海岸又是从渤海到南海海滩湿地这一纵的中间地带；江苏太湖还是长江这一横的三大湖泊湿地之一。

自古以来就有“上有天堂，下有苏杭”之说，苏杭之所以称为天堂，最重要的是“水”，水既是生命之源，又有天堂之美。一个多世纪以来，苏州又被称为“东方的威尼斯”，其原因也是由于苏州是水乡，苏州的水乡就是河流纵横的湿地。苏州市的经济总量在全国城市中高居第5位。但苏州多年平均本地自主水资源量仅为人均358m^3，在水量上也属严重缺水，尽管有客水，但无质量保证。按笔者在联合国教科文制定经温总理批示全国应用的标准属于重度水量缺水，同时是水质型缺水，好水少。因此，苏州水问题的关键在于本地和外来水的污染，苏州水问题在我国南方具有典型性，污染防治是苏州河流和湿地的重中之重，“节水就是防污”是苏州治水的关键。

面对苏州湿地水乡危机，笔者提出的建设国际湿地城市的指导思想：

苏州历史上是一片大河成湿地，自战国依水建城人口聚集，人们“填湿造城”，保留了许多河道作为航道；保留了许多小池塘作为水源和景观，苏州不少园林中都是自然地表水。

至20世纪的后20年，到过苏州的人都看到，与历史上的水乡相比，苏州有很大的变化。一是许多湿地被填埋；二是许多河道被淤塞；三是河面上和湿地中到处飘浮垃圾，有的地方不堪入目；四是以清水绕城著称的苏州，整个水系的水质由于大量排放污水未经处理而大大下降，美丽的苏州水乡已被污染得不是天堂。

这种状况为什么一直没有改变呢？关键在对于涉水事务指导思想不清，没有统一的管理，多龙管水责任不清。笔者提出了水资源、水环境和水生态是一个统一体，填埋一条小小的河道就可能制造一大片洪涝区；建一个排污量大排放又不达标的工厂就可能破坏一个风景区。

早在1992年笔者任联合国教科文组织科技部门高技术与环境顾问时，以水资源为重点（包括湿地）就提出了明确的指导思想。水是一种资源，水又是一个生态系统，水在系统中循环，因此，必须以资源系统工程的思想指导管理，才能既提高经济效益，又提高资源利用效率；还能保护水生态系统，使之可以永续利用。片面追求经济效益，不重视提高水资源利用效率，浪费水资源，就会连苏州这样的历史水城好水也不够用；只考虑经济效益滥用水资源，而不保护水生态系统，不但破坏了水资源，而且破坏了水环境，破坏了中外闻名的苏州水乡。

在笔者的指导下，苏州水务局指导思想明确，管理措施具体，两年就取得明显成效（图4–4）。

图4-4　苏州太湖国家湿地公园

（3）水务局统一管理使苏州水乡湿地在两年中变了样

2001年，苏州市建立了笔者倡导的水务局。什么是水务局呢？就是把水源地→供水→用水→排水→治污→回用，这一用水循环的全过程由一个部门来统一订立法规、制订规划，统一监测、统一配置，对水市场统一监督、统一定价，也就是说由一个部门对水质和水量负责。

苏州市水务局成立以后，在短短的两年之内使苏州水乡湿地变了样。

① 恢复淮阳河沟通湿地水系

淮阳河是苏州城西的一条350m长的小河道，由于沿河居民在河道搭建房屋等原因，不断挤占河道，到2001年河道平均宽度仅为3m，有的河段甚至被填埋，阻断了水系，严重影响湿地排涝功能，一遇大雨，沿河几百户居民就受淹。水务局成立后，根据统一规划，拆迁居民59户、商业点13户和单位两个，共8300多平方米的建筑。克服了各种困难，疏浚了包括部队驻地在内河段的全河道，新河道长达450m、宽8m。不但解决了水淹的问题，修复了湿地水系还大大提高了沿河地价。

同时，新指导思想改变了城乡防洪分割管理，城市筑堤、乡村占湿地违反自然规律做法，使城乡防洪有机地结合起来。

② 严格控制污染物排放总量湿地才能净水

苏州地域狭小、人口集中、经济发达、排污量大；尽管是湿地，但水生态自净能力仍不足，连客水加在一起，净水远远达不到40：1的稀释污水比例，所以在农业经济时代可以自净，在工业经济时代就会变成“污水坑”。因此，污水必须全部达标排放。

根据上述情况，水务局统一规划、加速建设污水处理厂，布局合理。其中位于苏州市区西南福星污水处理厂于2002年12月建成投产，到2003年6月平均日处理量已达1.24万m^3，进厂水质COD 406mg/L，BOD 157mg/L，而排放水质COD 44mg/L，BOD 9mg/L，均达到国家排放标准，一期全部完成处理能力达到8万m^3/d。娄江污水处理厂位于苏州市东北，二期完工后处理能力14万m^3/d。加上原有处理能力，到2008年，苏州污水处理能力达到39万m^3/d，达到污水100%处理。

有了足够的处理能力还不够，必须把污水全部收集起来，水务局全面启动污水支管到户工程，要把每家每户的污水无遗漏地收集起来。

苏州是个古城，小街小巷密布，窄的不过2～3m，要想支管到户，要翻修和新建400km污水管道才能形成全面覆盖的污水入网系统，而且开挖给居民生活带来很大不便，小孩上学要大人送。但是，这是一项益民工程，仍然受到广大居民的热烈拥护。我们亲眼看到老人毫无怨言地在挖沟的临时架板上送小孩去学校，看到在不便使用机械的狭窄小巷里，在7月的酷暑中，民工挥汗如雨。这项工程自启动后，以人们事先预想不到的20km/月的速度前进，全部工程于2005年完成。

如果无度排污只治污是不够的，笔者又提出“节水就是治污少用1m^3水，就少1m^3污水”。

③ 只有统一管理才能以生态手段修复湿地

苏州水乡生态系统蜕变的一个重要原因是由于内外多方面因素使河流流速降低。常言道“流水不腐”，苏州水务局全面启动换水工作，把城区河道分成九片，通过水的统一调度，引清冲污，加快湿地水体置换速度。只有这样才能真正恢复天蓝、水清、岸绿的古城水乡风貌。

苏州水务局在水利部太湖局的统一部署下启动了西塘河引水工程建设。西塘河引水工程从望虞河东岸珠水桥港引长江水入苏州城区环城河，再通过输水提高环城区水质。工程于2002年9月16日开工，总投资3亿多元，在2003年底完成。完成后可使水乡苏州干流水质达Ⅲ类，超过景观用水的Ⅴ类水标准，接近意大利水城威尼斯的干流水质，真正恢复苏州“东方威尼斯”的称号。

④ 1.10元的污水处理费招来了三大路财神

苏州水务局把苏州的污水处理费提高到1.10元/t，仅这一项政策就招来了三大路财神。把水费中的污水处理费提高到1.10元/t，这在以前是不敢想的，但水务局吃了这只螃蟹。使苏州水务局自己都大吃一惊的是，大幅提价后居然没有人来信置疑。

从水务局成立之初，就不断宣传这种理念：目前北方人民面临的是缺水还是提水价的选择；南方面临着的是用脏水还是提水价的选择。什么是正确选择呢？显然，提价是正确选择，提水价使人民有获得感就值。当然，提水价要适时、适地和适度。

污水处理费提高到1.10元/t以后，招来了三路财神。一是外资多次洽谈建污水处理厂，而且以BOT的方式签约；二是私人投资要建污水处理厂，甚至还要买老污水处理厂经营；三是苏州市水务局以排污费为抵押，银行竞相贷款。1.10元招来了几十亿资金的兴趣，因为，污水处理的成本，包括建厂和运行在内，目前约为1.00元/t，1.10元/t的污水处理费，使得污水处理由政府投入的公益事业变成为微利的稳定市场，有了稳定的盈利，就有人投资。同时，污水处理费的提高，也以市场的手段大大促进了节水。

（4）统一管水让居民得实惠

统一管水的目的是更好地为广大人民的利益服务，让居民有获得感。

① 让苏州人民喝上好水

临苏州的东太湖水质是较好的，苏州水务局规划，一方面努力保护饮用水源区；另一方面把饮用水取水口向水质好的湖心地区延伸。

② 让居民住到海平面以上来

苏州市北部是原吴县市撤市设区后新建立的相城区，原来吴县自来水管网不但很少，而且年久失修，居民大多饮用深井水，不但不方便，水质也得不到保证。同时，还造成了严重的地面沉降，使居民生活在湿地之中，几十年来随着地面沉降“窗框变门槛”，发生有些居民生活在海平面以下的奇事，该居民区不得不常年向外排水。

2002年水务局全面实施北部区域供水工程，总投资4.5亿元，主干84.5km管到达相城区所有乡镇；二级管网348km，把水送到大街小巷；三级管网2750km；把水送进每家每户。日供水6万t，使相城区38万居民喝上了甘甜的太湖水，并且为全面禁采地下水，逐步恢复地下水位，保护好这个自然水库，而且使居民重新生活到海平面以上来。

③ 一户一表工程

节水其实也是广大居民自己的要求，在提水价的同时，必须提倡和保证居民节水，苏州居民的一个老大难问题是一个居民楼单元只有一个总水表，吃“大锅水”，不但不利于节水，而且由此产生民事矛盾，以至纠纷不断。

水务局下决心实施“一户一表”的改造工程，决心对市区23万户居民实行水表出户改造，到2004年全部完成。

（5）苏州的河面为什么干净了

近年来，不但苏州市民，就是外来游客也感到苏州的河道太脏，有的地方不堪入目。2001年笔者来苏州就有亲身体验，连游客都掩鼻而过，生活在水边的居民的难处可想而知。过去环卫部门尽了很大努力，但是都不能改观。

苏州水务局受市场运作的启发创新管理方式，把全市80km的河道分成16个标段向社会公开进行河道保洁招标，原事业单位职工可以参加，结果招标后450万元的环境治理费，仅用了360万元，清洁工吃饭都在保洁船上，与过去用事业职工相比，不仅省了钱，还使得河面已经基本看不到漂浮物了。

苏州水乡实际上就是个湿地城市，湿地城市的治理按习近平总书记在笔者上呈报告中的批示“加强系统思维”，统一涉水事务管理，在18年前就取得了百姓有获得感的喜人成绩

（图4–5）。

这一切成果都是在苏州市委市政府领导下，苏州水务局真抓实干，在广大苏州市民支持下取得的，苏州才是真正“国际湿地城市”的样板。

图4–5　苏州水务局成立18年后的苏州水乡

4.10.4　国际水资源高层论坛上的中国声音与柏林湿地考察

2000年，笔者被德国政府作为每年邀请的一位中国著名学者（前几年为王蒙等人）在德国做为期一个月的自选题目考察，笔者作为全国节水办副主任兼北京奥申委主席特别助理，考察了易北河全流域（因同时管全国水资源配置工作繁忙，只得压缩为15天），会见德国东部复兴指导委员会主席布茹尔女士（曾准备与现总理默克尔竞选）。

2001年，笔者又作为指导委员会委员参加国际水资源高层论坛，并在柏林德国议会大厅发表演讲（图4–6）。

图4–6　笔者参加国际水资源高层论坛在德国议会大厦发表演讲，主席台左起第1人

（1）在国际水资源高层论坛发表中国水资源管理演讲的中国声音

会议在柏林的波茨坦宫举行，波茨坦宫的园林区主要依波茨坦的吉昂和蒂两块湿地（中文译“湖”实为湿地）而建，在南北长约6km，东西宽约10km，达60km^{2}的范围内，陆水交融，蓝绿交织。

笔者在会上的讲演中专门强调了中国对湿地的管理。湿地管理的重要目标是保护和修复，而不是开发和新建。① 首先是保护湿地的水源总量，包括地表水和地下水，湿地水位可以变化，可以干干湿湿，但干涸周期根据情况不能超过2年。② 同时要保护湿地水质，对于来水要严格管理达标排入。③ 还要保护湿地特有的动植物系统，不能随意引入外来物种。④ 必须重视保护湿地水下的潜育层，它是湿地与湖泊的主要区别，也是湿地的生物床和湿地生态系统的基础。在保护的基础上尽力开发湿地的净水、防洪、蓄水、汇碳和人类宜居环境的能力。

与会各国代表高度评价讲演，大大提高了对中国湿地治理能力的认识，会下踊跃交流（图4-7）。

图4-7　2001年在德国波茨坦召开的国际水资源高层论坛指导委员会全体委员合影，右起第3人为笔者，第5人为德国环境部部长

笔者在会上与国际权威专家对湿地进行了探讨，他们都认同笔者的观点：“湿地是指一年中至少有部分时间为潮湿或水涝的地区，例如沼泽、沼地和泥炭地。人们不对湿地太重视。”大家都认为：“目前国际上对湿地没有严格界定，也没有深入研究。从北美到欧洲，无数湿地被排干并被改作农田或用于商业和住宅区开发。直到最近，大家才认识到湿地的价值，对水的强净化能力以及它在自然生态系统中发挥的至关重要的作用。”这是21世纪初对湿地的国际总结，由于欧美的湿地均已修复，这项工作在欧美不是急需，所以我们现在应该加强研究引导世界潮流。

对湿地净化能力的研究，德国科学家凯瑟·塞德尔和莱因霍尔德·基库思，首次调查了用湿地去除污染水中养分和悬浮固体的可能性。塞德尔证实宽叶香蒲能去除污染水中的大量有机和无机物质。在后来的一些研究中，还证明宽叶香蒲还能通过从其根部分泌天然抗生物质，大大降低废水中的细菌浓度，而且它们能隔绝重金属并清除碳氢化合物。

（2）考察柏林污水处理厂

会后应柏林市副市长邀请参观柏林的污水处理厂，副市长说经湿地净水后，柏林对污水进行三级处理达到饮用水标准。他从自来水管中接了一杯，喝后问笔者是否一试，笔者喝了一大杯，果然没有异味。

回国后笔者立即建议湿地修复应该与污水处理厂相结合，建议得到时任北京市市长的高度重视。在北京市政府顾问委员会会议上笔者提到，他主持制定的《21世纪初期（2001—2005）首都水资源可持续利用规划》中特请朱镕基总理批准给北京的10亿元，主要用于修复湿地，不知为什么在潮白河入北京界的河滩湿地尚未修复。刘市长严厉批评有关部门："这是最重要的湿地，马上修复。"

图4–8　笔者在德国波茨坦采琪莲霍夫宫园林

（3）考察柏林湿地

笔者第一次去柏林是乘火车路过，第二次则是从法国自己开车去的。之后共到过柏林11次，对柏林的历史有所了解，对柏林的湿地有些研究。

第二次世界大战末，德国法西斯节节败退，柏林遭到了盟军的昼夜空袭，几乎被夷为平地，今天看到柏林的人，不能不惊讶德国人民"修旧如故"重建柏林的奇迹。

20世纪50～80年代，德国柏林的湿地得以修复，湿地的修复较建筑的修复更难，柏林周围的湿地都被纳粹军队当成阻挡苏联和美英军队进攻的工事，湿地里弹坑成群，火药成片，底泥清理和净化十分困难，这一艰难的过程和宝贵的经验十分值得汲取。

柏林是德国的首都，人口350万，面积892km^2，是世界大城市中湿地最多，起作用也最大的城市：城东北的布赫湿地；城东南的大米格尔湖实为湿地，连着比格湿地；城西北的泰格尔湖实为湿地；还有城西南的哈弗尔湖也实为湿地。从四面把城市包围了起来，对城市的达默河、霍恩措伦运河和泰尔巴运河等河流的水进行了自然初级净化，是天然的污水处理厂，是人工污水处理厂的前级，从而使自来水厂的污水处理可以达到饮用标准。

距城较远的由被称为"欧洲独一无二的自然地貌"的普雷河森林位于德国勃兰登堡联邦州，在柏林东南约100km处，占地约474km^2，这块内陆三角洲湿地长约75km，最宽的地方有15km。这是一块由施普雷河多个分支流过的低洼地带，森林和绿地被200多条阡陌纵横、蜿蜒曲折、细如羊肠的小河划分成无数的小岛，形成长达近1300km的小河迷宫，和白洋淀很相似。

整个地区被森林、绿草和沼生植物所覆盖，凭借其湿地的自然地貌和生物系统，1991年被联合国教科文组织列为全球生物圈保护区成员。笔者当时作为联合国教科文组织科技部门顾问，进行了深入的考察。

出了森林就是湿地，过了湿地就是小河。陆水交融，林水交错，是典型的森林湿地，据曾在白洋淀抗日的开国少将高存信将军回忆，20世纪30年代的白洋淀就是这种景象。柏林森林树木高大，遮天蔽日。湿地沼生植物茂密、葱郁，挺水植物、沉水植物和浮水植物几乎覆盖了湿地，考察时要小心别走进水里。

小岛上住着农户，大约有50000名居民居住于施普雷河森林和湿地中，他们是最早移民于此的斯拉夫族的后代，几百年来一直尽量保持着传统的民族建筑风格和独特的乡村生活，住在一个个被河道分隔的小岛上，用森林原木和芦苇秆盖成住房，屋端顶部竖立着象征防水火、保平安的蛇图腾，每户都有柴垛、谷仓，家家门前都停有出行代步小舟，家具、农工具和陶罐都是自制，耕种小块农田和果园。这说明湿地不仅是可以住人的，而且这些居民们对维护施普雷河森林及其周边的生态平衡起了积极作用，他们淳朴的生活让人们回忆历史，记住乡愁。

考察施普雷湿地有两点感触很深：

第一是修复湿地不一定要大量移民，但居民量应与湿地承载力匹配。更不要在居民区建大量现代化设施，耗财费力，适得其反。保持传统的富足生活更是原住民的需求，这才叫“以人为本”，而不是专家的“以我为主”，更不能“唯我独尊”，这是十分值得我国各地包括白洋淀的生态修复借鉴的。

第二是对湿地的净水作用深有感触，柏林为维系湿地生态系统保护了占城市面积相当比例的湿地，是城市的一大特点，也是一大亮点。雄安完全可以建成这样的城市，少筑堤，少见污水处理厂，人与自然和谐，利用湿地积极发展旅游和医疗康复新产业，保证发展。

4.10.5 湄公河流域实地考察并对国际水资源与湿地管理提出建议

对湄公河做过全流域考察，重点考察了胡志明市的湄公河三角洲湿地。

（1）澜沧—湄公河流域

湄公河发源于中国，流经缅甸、老挝、泰国、柬埔寨和越南共6国，在中国境内称澜沧江，长1873km；中国境外长2888km，流域面积63万km^2。若加澜沧江则总长4761km，流域总面积81万km^2。它是仅次于长江、黄河和鄂毕—额尔齐斯河的亚洲第四大河，世界第七大河，是沿岸6国人民的衣食父母，又如一衣带水的纽带，把6个国家联结在一起，6国人民的当务之急是如何同心协力、优势互补、统筹规划，保护健康河流的水资源可持续利用。

湄公河发源于中国青海省唐古拉山北麓，名为澜沧江。途经青海和西藏东部，向南直贯云南省；流至中国云南西双版纳、缅甸、老挝三国交界处，即称湄公河，出国境处多年平均径流量672亿m^3，大于黄河（图4–9）。

（2）湄公河湿地

从金边以下到河口，共计332km，属于湄公河三角洲湿地范围，三角洲非常大，河道进入越南南方，陆续分成6支，最后由9个海口入海。

湄公河三角洲平均海拔不到2m。形成2万km^2的湄公河湿地，在这里江河纵横、湖泽成片，分不清哪里是江，哪里是河，哪里是湖，哪里是泽，是真正的水乡泽国，大片的稻田、鱼塘和果园一望无际，也是富饶的鱼米之乡。

三角洲降雨充沛，湄公河流域年降雨量最大可达2500～3750mm，中下游及三角洲沿河两岸年降雨量为1500～2000mm。同时，上源澜沧江也带来大量的雪山水源，结果使湄公河年平均流量达4600多亿立方米，是黄河的10倍，为长江的1/2，是亚洲水量第二大河。

图4–9　胡志明市湄公河三角洲湿地

胡志明市在湄公河三角洲和湿地范围北缘。我们从胡志明市向西南，这里湄公河宽达3km，浩瀚如海，河上船如穿梭，可以看到水面上漂浮物较多，水浑、水质不好。显然是由于两岸排污和河中过多的船只来往所致。我们乘坐的游船是老旧的游艇，开起来烟在水上走，溢油水面飘。

两岸是灌木丛生的湿地，树不多，林更少，湿地中有不少小岛，现在多已开辟为旅游点，岛上郁郁葱葱植被保护较好，远远望去好像宽阔湿地中心的一簇大水草。岛边的红树林成簇，显然为旅游已被砍了很多，这不仅造成海水倒灌，也损失了这种河口湿地盐水树木强大的净水功能，岛上游客并不多，这点旅游开发显然是以生态损失为代价的。

湄公河越南南方段是澜沧—湄公河人口最稠密的地区，人口密度每平方公里近千人，是上游地区的10余倍，因此，人类活动造成的水污染已远远超出了河流和湿地的自净能力，必须在沿岸和河面加强水污染防治，沿江城市修建污水处理厂，否则这段水域将削弱甚至毁坏支撑地区可持续发展的能力。同时，入海口的生态系统保护，尤其是红树林的保护也值得高度重视。

湄公河是源于我国流经6国的国际河流，从越南入海在河口有大片湿地，在外国势力的鼓动下，越南媒体已对上游污染有微词，对此一是借鉴中国河长制经验分段制定水质水量标准，各国负责，二是借鉴中国经验退田还湿，相信在中国专家的指导下一定能还一个健康美丽的湄公河三角洲湿地。

（3）基于全球治理思想对澜沧—湄公国际河流及其湿地管理的建议

国际河流管理是全球治理的重要组成部分，仅以澜沧—湄公河全流域实地考察为根据，对国际河流管理做出如下建议。

河流水量的加权分配按以下原则进行：

① 国家主权因素：各国在本流域对河流径流量的贡献。权重：0.4。

② 大小国一律平等，依笔者在联合国主持制定的，温家宝总理批准在中国应用，并要求全体干部学习，且在美国国务院，法国和越南等国应用的丰缺水标准，流域人口1000m^3/人（中度缺水标准）。权重：0.25。

③ 节约资源用水效率：该国在流域内万美元GDP用水量。权重：0.2。

④ 该国在流域内湿地面积。权重：0.1。

⑤ 该国沿江地下水位。权重：0.05。

各国在边境设立流量计量站，并设立监督委员会（每国1人，联合国1人），以此标准计量分水，用水只占分配量40%，保证健康河流。这种办法体现了保护全球生态、水资源和湿地，大小国一律平等，节约高效用水，保证可持续发展的原则。

各国排污量应照此办法控制。同时建立国际水市场，用水量和排污量均可公平交易，成为市场全球化的一部分。

第5章 湿地修复工程的评估、维护与产业发展

湿地修复工程后要科学评估，是否达到了可行性研究、规划和标书的要求，当地群众的满意度如何。更为重要的是建立修复成果维护的长效机制，只靠行政管理是不够的，必须建立利用和保护湿地的新业态。

5.1 湿地生态修复工程监测与评估

湿地生态修复工程启动后需要维护，但维护是建立在评估基础上的，只有成功的修复才有维护的价值与可能。

像任何一个工程一样监测评估的落实是十分重要的，湿地修复是一个新兴的复杂巨系统工程，生态系统参数量之大，随时间变化之快是公路和大坝等工程所无法比拟的，因此，监测评估和责任落实尤为重要。

5.1.1 选择“参考湿地”是评估的重要依据

湿地生态修复工程的监测指数如何确定，评估又以什么标准进行，由于国际湿地工程学尚不成熟，因此，选择参考湿地是十分重要的。

参考湿地是指能在特定湿地项目中与设计湿地情况类似的国内外健康湿地。参考湿地具有与即将修复或恢复的湿地相似的特征，在规模和功能上要适当匹配。

项目的成功往往很大程度上取决于它的规划、设计研究参考湿地所获得的资料。参考湿地有助于确定所需的水文条件和可供种植的候选物种。植物种类选择的依据应是在参考湿地中发现的物种的自然组合。笔者在这方面进行了深入研究，提出了5个条件。参考湿地水文、土壤、基质、能量水平和生物组合可以作为修复湿地的模型。如果修复或恢复

的湿地成功地再现了参考湿地的物理、水文和化学条件，那么选择相同的植物物种是可取的。我们选择参考湿地条件主要如下：

① 纬度相近

纬度高低是决定日照强度的基本因素，在日照和气温的作用下，大气和土壤湿度发生变化，这些因子又直接影响土壤母质，形成各种土壤类型，所以是参考湿地选择的首要条件。

② 气候条件相似

植物生长都适应于一定的自然环境和栽培条件，动物不但直接受气候影响，而且也取决于植物条件，特别是气候条件的相似性。气候条件的一个重要内容是与海的距离大致相同，决定同属于海洋性还是大陆性气候。

③ 动植物系统相似

动植物是生态系统的重要组成部分，参考湿地的动植物是重要参照。成功地选择参考湿地项目的动植物品种需要了解新植物如何与生态系统相互作用，选择主要动植物物种，若引进物种要选择使生态相对平衡的物种，避免引进后破坏生态系统（根据笔者的实地调研，外来物种兔子，曾在草原上与羊争草，从而成灾。我国引进水葫芦也出现同样的情况。说明没有一定周期的样区实验，观察效果不宜引入外来物种）。

④ 水文条件相似

湿地的水文条件包括：降雨量、地表径流深、地表水、地下水埋深、溪流、潮汐、融雪和地下水来源，如天然泉水和潜水含水层。参考湿地的水文条件不仅要与修复湿地的参数相似，还要考虑水分损失，如渗透、蒸发、蒸腾和渗漏等情况。选择了相似的水文条件作为参考湿地后，我们可以监测它的水文信息，为修复湿地是否补水和控制水资源总量提供依据。

⑤ 地质条件类别相同

从地质学角度来讲，湿地区别于湖泊的主要特征是底层的泥炭或潜育层。首先根据有无泥炭，把湿地分为泥炭湿地和潜育湿地。湿地按植被特征分草本泥炭层、藓类泥炭层、木本－草本泥炭层、木本－藓类泥炭层、木本－草本－藓类泥炭层、草本潜育层和木本－草本潜育层。参考湿地应与修复湿地的类别相同。

5.1.2 湿地功能的修复是评估的基本要求

在生态系统环境中，湿地的作用包括为动植物提供栖息地，蓄滞沉积物净水，保护河岸和海岸线免受侵蚀。表5–1列出了湿地的具体功能和价值。

湿地的功能和价值表 表5-1

湿地的功能	湿地功能的价值
储存和（或）输送洪水	减少洪灾损失
缓解风暴潮	减少洪灾损失
补给地下水	保持地下水蓄水层
排出地下水	维持水生物种的基本流量
稳定（海）岸线	减少侵蚀破坏
蓄滞/变换营养	维护/改善水质
蓄滞/处理污染物	维护/改善水质
蓄滞沉积物	维护/改善水质
维护内部系统完整性	维持动植物种群、维持濒危物种、维持生物多样性，提供可再生食物
文化教育功能	提供教育/研究机会、提供娱乐机会、提供审美享受、保护考古和历史遗迹

所有的项目评估都应该包括对湿地基本结构组成的评估——水、土壤、植物和动物。要直接测量水文、土壤和动植物参数，以及目标生态系统发展和维持动植物物种的数量和密度。在湿地范围内，依靠物种的适应性来表示湿地及周边（依湿地面积大小和蓄水量而定）环境条件是否达到适宜的要求。

5.1.3 对水文系统的监测与评估

水文监测评估包括下述内容：

（1）地下水补给和排泄

地下水的补给和排放是湿地水文的主要组成部分，综合监测地下水流量以评估湿地的水量，需要一系列的压力计算。压力计算的最佳位置和深度应由熟悉该地区的合格水文地质学家来决定，并确定汇编和分析数据的方法，如流量网格和数字水文图。

（2）洪水径流变化

必须监测洪水发生的阶段，以确定洪水对湿地的影响。用波峰水位计来测量自上次读数以来的最高水位。

洪水前的饱和度在很大程度上决定了湿地改变洪水流量的能力。如果洪水发生时湿地水位较低，则洪水发生变化的可能性较大。在洪峰期对生长的植被产生阻力，降低水流速度，可减小阻力，这种新生植被的密度可以作为湿地改变洪水流量能力的一个指标。

地表水出口的收缩程度影响着湿地改变洪水流量的能力，应提供洪水期间地表水外流的流量和流速的定量数据。

将水位、洪峰高度和淹没面积与以往洪水信息进行比较，可以分析湿地对不同程度洪水的反应。

5.1.4 对土壤系统的监测与评估

土壤监测评估包括下述内容：

（1）土壤和沉积

湿地系统的土壤状况很大程度上影响着湿地系统的许多功能，包括地下水的补给和排放、污染物的滞留以及生物多样性和密度。泥沙淤积速率和土壤特征能较好地反映污染物和养分的滞留情况，可为湿地功能的间接评价提供依据。

监测土壤状况的重要方面包括有机含量、质地和颗粒大小、沉降速率以及是否存在氢化物土壤。必须在整个湿地取样，以确定这些土壤特性。对于有机质含量、沉积厚度、氢化物状态等随时间变化的性质，必须定期取样，以评估随时间可能发生的变化。

（2）保留沉积物

保留沉积物是湿地的重要功能，通常也是修复和恢复项目的目标。沉积速率对土壤的形成过程非常重要，它改变了湿地的蓄水能力，从而决定了湿地的防洪功能，也改变了动植物的定居、生长和生存的条件。

可以采用许多方法来测量沉积速率，沉淀池是最常用的。测量沉降的另一种方法是使用分等级的基准桩或杆打入地面。此外在入海口形成的冲积扇的照片记录可用于定性地评估沉积作用。在大多数湿地中，泥沙搜集器可能是监测沉降速率最方便的方法。

5.1.5 对滩涂湿地海岸线和堤岸稳定的评估

大部分湿地植被对岸线具有稳定作用，其稳定程度主要受植被面积宽度和挺水植物密度的影响，两者都可以通过航空照片或实地调查进行测量。

土壤颗粒的大小决定了波浪和水流输送泥沙的能力。在修复或恢复的湿地中，潜育层将适应新的生物地球化学条件，从而使土壤的粘结性和支持植被的能力发生变化，应该对这些变化进行监测，以确定这些变化是增强了还是削弱了湿地稳定沉积物的能力。

对海滩来说湿地附近水体的吸力变化会改变湿地稳定海岸线的能力，取物可以通过航空摄影或野外观察进行监测。大多数海岸线和河岸侵蚀发生在暴风雨和洪水期间，必须监测强风暴或大洪水的频率及其对湿地岸线稳定性的影响。强烈风暴过后，一些海岸线和植被将会受到破坏。海岸线的长期稳定性取决于海岸线和植被是否能够充分恢复，从而使随后的风暴不会加剧海岸线的不稳定性。恢复时间可以通过现场观察拍照来监测。海岸线或河岸稳定可以通过与附近没有湿地保护的自然海岸线比较来衡量。

5.1.6　对植被生态系统修复的评估

在修复或恢复的湿地中建立植被的速度、范围和群落组成对湿地的功能有很大的影响，对植物群落的监测是评估湿地项目成功与否的关键。

水生植物需要持续的周期性的水淹没，所以划定湿地的范围很重要。

基本上有3种方法可以用来量化湿地植物群落。冠层覆盖度法用于确定小于1 m高植被的相对密度。直线截距法用于确定小于2m高的小乔木和灌木的相对密度。对于成熟的湿地，使用样带法来评估较大的乔木和灌木的相对密度。

这3种方法都涉及断面测量（每个断面通常60m长）。永久断面通常用于在每次监测工作中精确取样相同的区域。取样通常在生长季节冠层发育完全时进行，为了比较年份之间的差异，在大致相同的日期取样是很重要的。

直线截距法沿相同的60m横切线使用，每一棵小乔木或灌木，其树冠的垂直投影截取了样带。截距长度估计为叶面垂直投影截取的横断面的部分。

样带法用于成熟的森林湿地。所有树木至少有一半的树干在胶带的左右两边2m长的带内。

根据取样结果，可以确定林冠层中的优势物种。每种方法的原始数据转换可以确定物种相对丰度。冠层覆盖度法收集的数据的转换包括将每个物种的平均冠层覆盖度相加。用直线截距法收集的数据的转换包括对每个物种的截距长度求和。

5.1.7　对动物生态系统恢复的评估

由于动物的移动性，动物生态系统的恢复是较难评估的。

（1）动物区系多样性和丰度

湿地支撑着丰富多样的动物群落。湿地植被为许多淡水无脊椎动物提供了营养来源、覆盖层、进食和产卵表面以及运动的生物床。无脊椎动物在湿地植物或浅滩上的高生产力依赖于其生命周期的某些阶段的浅滩或湿地的环境，在海滨浅滩藻类为许多淡水和咸水鱼类提供营养支持。部分浸没的湿地植物为幼鱼群落提供了重要的栖息地。与湿地相关的鸟类，由于它们的流动性、视野和不同的栖息地利用模式，可以通过调查来表明总体的栖息地多样性和质量。

（2）大型无脊椎动物

湿地大型无脊椎动物丰度和目前被忽视的多样性是重要的方面，对其定量研究是直接评价湿地水生生物多样性和多样性的必要手段。这种定量研究将有助于建立基于大型无脊椎动物群落组成判断湿地质量的经验。

水栖大型无脊椎动物，至少有部分时间生活在水体或潜育层，如河蚌、螃蟹和虾。淡水中的主要分类类群包括昆虫、环节动物（如蚯蚓）、软体动物、扁虫、线虫和甲壳动物。在海水中，主要的分类单元是软体动物、甲壳动物、腔肠动物、多孔动物和苔藓动物。特别是在淡水环境中，物种的密度随季节变化很大。

大型无脊椎动物是食物网的重要成员，这些群落的健康状况通常反映在脊椎动物群落的健康状况上，大型脊椎动物在湿地动物链的最高端，是湿地恢复与否的重要标准，笔者在主持新疆塔里木河下游台特玛湖湿地的恢复时就以原湿地动物的回归为评估标准，当草地覆盖时兔子就回归了，兔子达到一定数量灌木丛长起时狐狸就回归了，当胡杨林开始恢复，兔子和狐狸达到一定数量时狼就回归了，说明原生态系统基本恢复（只在一个大约3km^2的范围）。

大型无脊椎动物的密度和多样性都可以通过定量取样方法的结果来评估。密度可以用每平方米的个体数量来考虑。多样性可以通过多种方式进行评估，如个体数量或生物量。

（3）鱼

可以采取各种各样的取样方法来定性或定量地评估水生环境中鱼类的密度和多样性。特别强调对这种环境中幼鱼和仔鱼的评估，因为湿地的产卵和饲养功能往往是湿地对鱼类种群健康贡献的最重要方面。

① 幼鱼

直接评估浅水、结构复杂的湿地中仔鱼和幼鱼的密度和多样性可以用拖曳式浮游生物网、隔膜泵、网以及搜集器。在结构复杂的浅水湿地环境中，可用捕光器（图5-1）。

捕光器利用了光对鱼类的吸引力这一常见现象。图5-1显示了一个有机玻璃捕光器和化学光棒，它是用来评估幼鱼/仔鱼对湿地的利用情况。

② 成鱼

最常用和一般适合抽样成鱼的渔具是长袋网、刺网和环网，也包括电震。鱼的种类是修复的重要标准，如白洋淀在20世纪50年代有大量河鳗，而目前几乎绝迹，说明水污染的严重，因此，不但可判定物种的恢复还可评估水质。

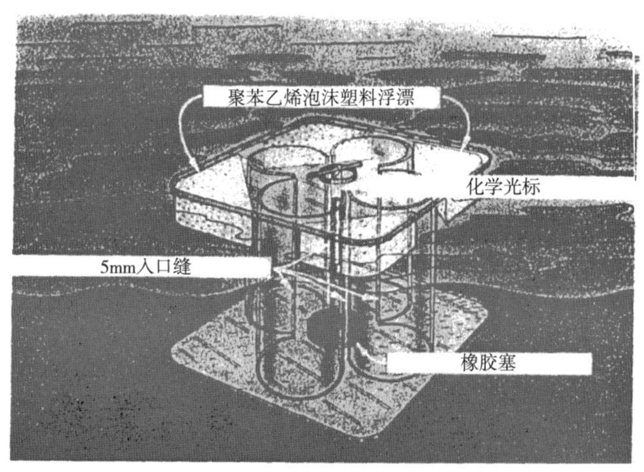

图5-1　幼虫捕光器示意图

如果娱乐或商业渔民利用该项目地区，渔业的数据是重要的资料来源。

（4）鸟

鸟类通常是海岸和淡水湿地中最常见和观赏性最佳的野生动物。湿地支持丰富和多样化的鸟类活动，湿地通常是各种鸟类的重要栖息地。评估修复湿地或恢复湿地在提供鸟类栖息地方面的成功与否，需要监测鸟类群落随时间的变化特征，用直接的普查方法来估计鸟类的密度和数量。

项目范围的初步调查可以将湿地划分为类似环境类型的区域。例如，滨海湿地可分为以下几种环境：海滩、沙丘、无植被的潮间带、植被的潮间带和盐滩，对每种环境类型应分别取样。

调查的目的可能是只集中于某一关键物种或群体，或集中于整个鸟类群落的特征。任何已知存在或曾经存在于该地区的濒危或受威胁物种都应该成为重要目标。

根据季节的不同，可能会遇到繁殖、迁徙或越冬的种群。为了使每年的调查数据具有可比性，应该在每年的同一时间进行统计，也要考虑到这些活动的确切时间，每年可能因天气状况而有很大差异。业余观鸟者、大学工作人员和国家相关协会的地方分会可以成为一个特定地点繁殖和迁徙种群到来的宝贵信息来源。

在清晨鸟类最活跃的时候进行繁殖鸟类的调查是最有效的。测量应在日出前1小时开始，并在日出后3～4小时继续。候鸟的越冬种群在日出后的几个小时内最为活跃，此时地面略微变暖。海岸和河口物种受潮汐波动的影响，通常在低潮和高潮条件下进行调查，开始于潮汐事件发生前约1小时。

常用的鸟类调查有三种基本类型：① 样带法；② 点调查；③ 区域测图。

样带调查可以步行、骑马或乘坐小船和飞机进行。在有大量开放水域的湿地地区，小船是最有效的交通工具。日本北海道的札幌湿地主要利用小船调查。航空样带调查可以在短时间内调查大面积、偏远或相对难以接近的地区，已成功用于估计群体水鸟密度，利用空中调查估计鸟类密度的方法仅限于那些可以从空中目测识别的鸟类。

5.2 湿地修复工程的责任和法制

在对湿地生态项目评估后，必须有科学的治理体系评判，这项工作应该在法律和法规的约束下依法进行，对成果有严格监督和公正的考核，才能科学维护，对于问题部分实行终身追责，由责任人、责任部门负责补偿、修复，并与维护部门结合保持长效。

5.2.1 湿地项目治理体系的责任

湿地项目有明确的任务、科学的规划和确定的责任，这一切显然要有一种组织形式来保证，在《关于全面推行湿地项目负责人制的意见》中已有明确规定可以参照：全面建立省、市、县、乡四级湿地项目负责人体系，各省（自治区、直辖市）设立总湿地项目负责人，由党委或政府主要负责同志担任；各河湖所在市、县、乡均分级分段设立湿地项目负责人，由同级负责同志担任。县级及以上湿地项目负责人设置相应的湿地项目办公室，具体组成由各地根据实际确定。在河网密布的平原地区可以考虑设置村级湿地项目负责人，实现网格化管理。

规定虽然明确，但执行起来并不简单。我国现有的行政体系是以区域划分的，而湿地项目的基本原理是按流域治理，所以就出现了一系列的问题，在湿地项目同样存在。

流域不在一个县、一个市、一个省，跨省、跨市、跨县怎么办？对干支流、左右岸和库前后都存在同样的问题。

组织的建立有以下几个原则可以考虑：

（1）在按流域划分的基础上湿地项目的设立要尽可能考虑行政区划。如笔者主持的修复和恢复的黑河尾闾东居延海在内蒙古额济纳旗、塔里木河尾间台特玛湖在新疆尉犁县和黄河入河口在垦利县，都在一个县或旗，给工作带来不小便利。

（2）要尽可能考虑人口密度大与人口密度小的地区相搭配，以均衡取水量并充分利用湿地的自净能力。

（3）要尽可能考虑经济发达和贫困地区的搭配，从而有足够的财力治理湿地。如黑河中游张掖和酒泉相对富裕，而下游阿拉善旗则是贫困县。

（4）要尽可能使点源、面源和内源污染的分布均匀。

（5）要尽可能使生态良好和破坏严重的地区搭配。如黑河中游酒泉生态较好，而下游阿拉善生态严重退化。

目前湿地管理已有发展改革委、国土资源厅、水利厅、环保厅、建设厅、林草局、流域委员会和城市水务局等各种机构，但是目前我国的湿地治理还不是“山水林田湖”的一个生命共同体，还达不到“绿水青山”的要求，更没有变成“金山银山”，人民的获得感较低。与过去的纵向比较不如以前，与国际的横向比较差距很大，不仅是我国生态文明建设的短板，更是可持续发展的短板。所以“湿地治理”不能穿新鞋走老路，要走出一条健康湿地的新路；不能换汤不换药，要用治理创新。

必须设立名副其实、责权统一、人员素质高、专职的湿地项目办。

湿地项目办不能简单的是一个办事机构，应有职、有权、有责，承担具体责任，要承诺可被追究，这样湿地项目才有名有实。

湿地项目办主任的选拔是关键，可以采用竞聘的办法，应符合下列条件：

① 应有10年以上的全面治水（不仅是工程）经验，最好要有硕士以上的学位；

② 对“绿水青山就是金山银山”“山水林田湖是一个生命共同体”和“人民的获得感”等创新治水思想有深刻的理解；

③ 了解国际湿地事务，有国际交流与竞争并从中汲取知识的欲望和能力；

④ 应有生态经济和工程治水较成功的实践经历；

⑤ 应提出任期内达到的具体目标。

5.2.2　监督与考核体制创新——新型监督考核委员会

对于各方面、各类型的工作已经有各种各样的监督与考核形式，是成立一个各方组成的委员会行使职权，不仅国内应如此，国际上也不例外。湿地评估也应该建立一个委员会，但根据对联合国系统和涉水国际组织的咨询与决策机构的借鉴和笔者的工作实践，加入了一些创新元素，在其组成上大有创新，工作程序和职权上也有创新。

（1）监督考核委员会的组成

监督考核委员会根据四元参与理论，由4个不同背景的小组组成，每个小组又由3种不同成员的三三制组成。

① 相关政府官员小组。水利、流域和其他相关部门各占1/3，可以包括湿地项目办和从事该项工作的退休官员，真正发挥官员的治理经验和能力。湿地项目办派1～2名秘书参加。

② 同行未中标公司小组：该组高管、工程师和工人各占1/3。

③ 专家小组。曾参与河流规划制定的专家，未参与河流工作但对国内国际情况有全面调研的专家（年龄不限），曾在河流治理方面有过工作实绩的专家（年龄不限）各占1/3。湿地项目办派1～2名秘书参加，可介绍湿地项目负责人的精神，但无表决权。真正发挥专家的知识的作用、科学的作用和精英的作用。

④ 公众小组。生活在流域中的群众代表（包括城市居民和农民），在流域中有企业的大用水公司代表，流域中的涉水社团，如农民用水者协会和绿色与环保等各类组织各占1/3，湿地项目办派1～2名秘书参加。做到公正、公开、有实效的公众参与。

根据知识经济对咨询和决策机构最佳人数的研究，上述 ①～④ 各类组织人员均分别为12人，委员会共36人。

（2）监督考察委员会的工作程序

监督考察委员会的工作应尽可能公开透明，以实地监测、民意测评和政府公报等为基础，避免主观臆断，更不能权利寻私，杜绝代表任何利益集团，有违反者欢迎公众通过信件、电话和电邮等各种形式举报，一经查实，予以除名。在这个基础上可按下列程序工作：

① 4个小组分别开会得出对于规划批准、监督决策和考核成果的结论，实行少数服从多数的投票制，将最终意见送委员会。

② 如4个小组意见一致即视为通过。但小组中反对意见超过3人的派代表1人在委员会中陈述，允许4个小组都派人陈述。由湿地项目负责人听取陈述，在有两个以上小组陈述的情况下，湿地项目负责人可对通过的意见行使一次否决权，重新讨论，如果有两个小组支持即为通过，按照通过意见执行，湿地项目负责人不再有否决权。

③ 所有委员会成员的意见均记录在案，由湿地项目办记录并绝对保密（因为在某一问题上支持错误意见，并不代表其他问题，更不代表其他领域）。得出错误结论3次以上者，由湿地项目办如实整理材料交予湿地项目负责人，记录在案，并由湿地项目负责人通知本人（保密）。这种情况出现2次以上，湿地项目负责人可以考虑更替委员，吐故纳新，保证委员会的效率与活力。

以这样的工作程序可以保证湿地项目负责人决策和执行的监督机构公正、公平的运行，尽可能消除“一长制”的不利方面，对湿地项目负责人进行强有力的支持，并切实分担责任。使“湿地项目”成为一种科学化、程序化、民主化的制度。

委员会必须保证有胆、有权、有责，决策留痕，终身追责。

5.2.3　水资源法律体系是评估湿地的基本法律依据

任何一个现代国家都是一个法制的国家，2002年8月29日第9届全国人民代表大会常务委员会第29次会议通过的《中华人民共和国水法》，为水资源的依法管理奠定了良好的基础，使河湖管理在可持续发展的新时期走上了依法行政的轨道。新《水法》的通过只是建立水资源法律体系的第一步，这一法律体系还要通过若干子法的建立来完善。

（1）水资源立法原则

建立一个好的法制体系应当有六大支柱：

一是科学依据，法律是政府代表人民利益强制执行的行为规范，没有科学依据的法律绝不会代表人民。

二是法理，法律本身也是一门科学，立的是“法”，就要遵循法律科学本身的规律——法理。

三是实际情况，法律不是宗教，也不是宣传，更不是理想，而是强制执行的行为规范，因此，必须符合实际情况。既不能提出过高要求，也不能张冠李戴，必须从自己的实际情况出发，不能抄袭他人。

四是可操作性，法律不是宣传文章，必须有具体操作条款，使之具有可操作性，才能真正做到依法行政。

五是与国际接轨，我国已经加入世贸组织，要加入全球经济一体化的进程。因此，我国的法律，尤其是生态修复的法律，必须与国际接轨，才能为全球自然共同体做出贡献。

六是“法即罚”，法是强制执行的行为规范，而不是一种道义的提倡，必须规定罚则。要有可操作的处罚条款，否则“法则不法”。

（2）水资源立法体系

应将湿地法归入水法律体系，我国的水资源法律体系，在各种资源法中基础比较好，但还有不少欠缺。基于上述认识，我国水资源法律似可按如下方式考虑（图5-2）。

水资源总（母）法：《水法》（1988年立，2002年8月修改）。

针对我国水多、水少、水脏和水浑的四大水问题分立子法，即

水多：洪涝灾害，《防洪法》（1997年已立）应在防洪法中加入湿地内容，湿地是蓄滞洪区，筑堤要经过科学计算，不筑高堤。

水少：待立《节水法》，湿地就是干干湿湿的，年内年际水位变化都较大，允许一般时间内（如1 ~ 2年）部分干涸，尤其在华北和西北干旱地区不能要求过渡补水——抢水。

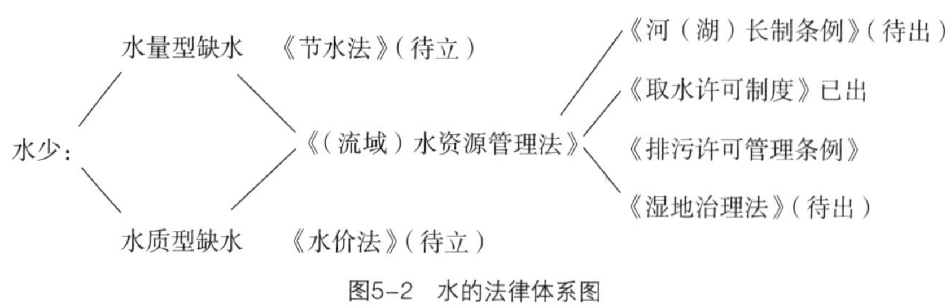

图5-2 水的法律体系图

水脏:水污染,《水污染防治法》(2008年修改),湿地应作为污染处理厂的一级。

水浑:水土流失,《水土保持法》(1991年立),《森林法》(1984年立)。防止洪水期森林泥沙向湿地冲刷。

由于我国水资源短缺,而且时空分布不均,地区差异很大,水资源浪费和水污染十分严重。因此,水资源的管理显得越发重要,而管理要依法行政,因此,要建立《水资源管理法》《节水法》和《水价法》。建立可操作的《水资源管理法》要明晰水权,确定分水原则,才能依法来分水,通过实施取水许可制度,征收水资源税,建立建设项目水资源论证制度等一系列办法,从而对水资源实行科学合理、行之有效的具体管理。建立可操作的《节水法》,规定行业和地区的万元国内生产总值用水定额,生活和生态用水标准,才能有明确的节水目标,使节水不是一种宣传,而成为各行各业的行为规范。建立可操作的《水价法》,才能体现"物以稀为贵",保护稀缺水资源的国家经济政策,体现国家对水市场的定量宏观调控。湿地也要注意节水,补水应有一定的经济核算。

5.2.4 建立湿地生态修复项目的"决策留痕"与"终身追责制"

传统经济生产出了废品要追责,豆腐渣工程要建设追责,河湖治理没有道理不追责。由于不少后果要10~20年才能显现,因此要实行"终身追责制"。

习近平总书记在十八届三中全会的说明中深刻指出"只有实行最严格的制度、最严密的法治,才能为生态文明建设提供可靠保障。要建立责任追究制度,对那些不顾生态环境盲目决策、造成严重后果的人,必须追究其责任,而且应该终身追究"。中央在2015年7月已审议通过了《党政领导干部生态环境损害责任追究办法(试行)》,首次以中央文件形式提出了"党政同责"和"一岗多责"的要求。责任是多方面的,在这里只讨论对河湖治理未达到目的,甚至造成后代危机的情况及其中规划制定者、决策者和执行者的责任。

我国目前湿地治理问题严重的原因是多方面的,既有专家规划的原因,也有各级官员执行的原因,既有理论基础薄弱的原因,也有缺乏认真的实地调查和实践经验的原因。主要如下:

（1）生态学在国际上是20世纪30年代才兴起的新学科，真正介绍到我国来是在20世纪70年代，因此，我们的生态学研究基础十分薄弱，不少人都是其他专业改行过来的，带有严重的原学科的痕迹，难免以偏概全、顾此失彼，须对湿地修复的最终结果负责（如滇池的前期治理）。生态学的基础是系统论和协同论，都是新学科，要有很好的数学基础。

（2）生态学是一门实证科学，做生态规划要以当地的实际情况的生态历史追溯为根据，但我们不少规划制定者对当地情况只做走马观花的考察，不查历史更不用说走遍祖国的典型的山水林田湖了。

（3）前面已经分析，做非平衡态复杂巨系统的生态规划不能只靠数学模型，这是国际科学界的共识。因此，参照国际同类较好生态系统是十分重要的。但是，我们又有多少规划制定者实地调研过国际上较好的同类典型的生态系统呢?

（4）更有甚者，有些生态修复制定规划主持人只露几面，由研究生做的。难怪基层干部说："说的不干，干的不能说""规划、规划，墙上挂挂"。规划被走过场，束之高阁，并不起实际作用。

以上原因形成了我国不少地方的湿地修复、恢复和"新建"遵照一个"占地挖大坑、抢水放好水、乱栽非原生花草，大立抽象标志建筑物"的不科学模式，3～5年后评估就可以看到实现不了工程设计要求的湿地的生态功能，在华北和东北等缺水地区还破坏了脆弱的水平衡。

河湖治理的终身追责，要建筑在决策留痕的基础之上，专家要有重要的责任，湿地治理当然也应如此，要彻底改变少数专家"既当运动员，又当裁判员"的评价现象，评价工作应由不断吐故纳新的上述监督考核委员会进行，对湿地项目负责人做出公正的评价。

道理很简单，对一座大楼的设计者要实行终身追责，对于人类的起源地、人民安身立命的河湖治理难道不应实行终身追责吗？更为重要的是湿地治理的效果一般要在10年以上才显现，因此，不但要在过程跟踪追责，还要"终身追责"。

5.3　湿地生态修复与医疗康养新业态产业园区的建立

在评估和追责之后最重要的是对湿地生态修复的补足和维护，法治只管一时，应建立长效机制，这种长效机制就是形成一种产业，像保护人体健康一样在医疗以后建立康养产业，而这两种对地和对人的不同产业，可以与湿地结合在产业园区内形成一种新业态。

真正生态修复的湿地陆水交融、蓝绿交织，是发展绿色经济的福地，要发展湿地维护产业，据此发展湿地旅游业，低密度零排放假日酒店和老年病慢性病医疗康复科技基地，使湿地为人类造福。为此要建立以湿地生态修复和医疗康养新业态的生态工业园区。

5.3.1 湿地生态修复理念的拓展和技术发展

“环保”是人居环境的保护，“生态修复”是对自然生态系统的恢复，两者的任务和功能的区别是很明确的。但是，从大系统看“保护”是“修复”的基础，而“修复”是更高层次的“保护”，修复后它才有更高的保护价值，所以二者是相辅相成的，而且有融为一体的趋势。

环保技术正向生态修复技术发展，二者也有融为一体的趋势。

（1）生态修复理念的形成

生态修复研究的历史可追溯到19世纪30年代，1980年凯恩斯（Cairns）主编的《受损生态系统的恢复过程》一书，将生态修复作为生态学的一个分支进行系统研究。在生态修复的研究过程中，涉及的相关概念有生态恢复（ Ecological Restoration）、生态修复（Ecological Rehabilitation or Ecological Repair）、生态建设（ Ecological Reconstruction）、生态改建（ Ecological Renewal）、生态改良（Ecological Reclamation）等。上述词语虽然在含义上有所区别，但是都具有“恢复和发展”的内涵，即将原来受到干扰或者损害的系统恢复后使其可持续发展，并为人类持续利用。

美国自然资源委员会（The US Natural Resource Council）把生态恢复定义为：使一个生态系统恢复到较接近于受干扰前状态（即原生态或次原生态）的过程。

笔者给出的生态恢复（Ecological Restoration）的定义是：生态恢复是修复或恢复被人类活动或自然力不同程度损害的原生健康生态系统的过程。生态恢复是维持生态系统健康和永续发展。

更具体的说是根据区域规划，将受干扰和破坏的地域（包括森林、草原、河流、湖泊、湿地地下水和田地）恢复到足以支撑人类生活和生产的承载力状态，确保该区域生态稳定和可持续发展，并与周围环境和谐。恢复（Restoration）是指对受到严重干扰、破坏的生态系统尽可能恢复到原来的状态。改良（Reclamation）是指将被干扰和破坏的生态系统恢复到使它原来定居的物种和与原来物种相似的物种能够定居。建设（Reconstruction）是指通过外界力量使完全受损的生态系统恢复到原生状态。改建（Renewal）是指通过外界力量使部分受损的生态系统进行改善，增加人类所期望的特征，减少人类不希望的自然特征。目前学术上用得比较多的是“生态恢复”和“生态修复”。

（2）生态修复技术的发展

由于环保技术的发展，目前生态修复技术有与环保技术融合的趋势，但生态修复技术还是有其自身特点的。主要生态修复技术如下：

① 地下水回补技术。

通过回灌地下水，保持地下水埋深不降低，从而维系地域的生态系统。鉴于地下水埋深是最重要的生态系统标志，因此这项技术也是最重要的生态系统修复技术。同时，地下水回灌还可以解决地面沉降问题。

② 湿地技术。

通过干涸湿地的恢复和人工湿地的建设，恢复湿地净水、蓄水、保护森林或草原、调节气候的功能。

③ 废弃矿井回填技术。

各种矿井的开采造成了地下空洞，当废弃后造成地下空洞，从而造成地面沉降等多种问题，因此，废气矿井的地貌恢复十分重要。

④ 农药、农膜和化肥造成的土壤污染的恢复技术。

⑤ 生态型植树造林技术。

⑥ 过度放牧草原的修复技术。

⑦ 断流河流治理技术。

⑧退耕还林、退田还湖、退牧还草及退蓄还流的技术。

⑨山水田林路统一规划的小流域治理技术等。

所有这些生态修复技术，都采用高技术，而且要依照生产学原理利用。

5.3.2　湿地生态修复理念的产业拓展

湿地生态修复的产业化既是理念的拓展，又是“绿水青山就是金山银山”的落实，自然湿地生态修复、自然湿地恢复与人工湿地创建三大部分都包括这一内容。

自然湿地生态修复产业指对被破坏自然湿地的修复，自然湿地恢复产业指对原生态湿地已不存在湿地的恢复，而人工湿地指对自然湿地的扩大和在确有条件的地区创建湿地。湿地生态修复产业直接创造经济价值，就是“金山银山”制造业，还可以带动建设建筑业、运输业、旅游业和相应研究项目的发展，为当地居民提供就业机会，创造物质财富，实现产品物流、市场交易、技术培训和建设咨询共同发展的新业态。

围绕产业化而进行的湿地修复，将经济效益与社会责任相结合，可以让湿地修复“以湿地养湿地”，以产业造福一方，使湿地实现可持续发展，如：

（1）科学发展旅游业

湿地生态旅游有湿地公园门票收入、游船观光、垂钓观鸟、民俗文化、旅游产品销售等服务内容。在保护湿地资源不受破坏的前提下，建设低密度零排放度假酒店，使湿地有人维护。

（2）湿地种植业

如芦苇、菱角和莲藕等经济作物和苗圃。维系湿地的植物系统。

（3）湿地渔业

生态渔业育苗养殖、捕捞、渔业资源管护等。维系湿地的动物系统。

5.3.3 湿地生态修复的绿色经济理念和数字化应用

大面积自然湿地的各区域生态及水质有差异，水处理方式不同，检测点多而分散，因此它的生态修复与维护工作量大，人工实时检测工作量也非常大，因此有必要实施湿地生态修复与维护的数字化。

利用新一代信息技术和互联网+模式，从湿地管理、游客服务到生态修复、科研监测、科普宣教、湿地旅游文创等方面为湿地提供云计算、大数据、人工智能服务，才能提升国家湿地公园和生态湿地数字化管理水平，为科研数据打造全面互通的数据化平台。

通过卫星遥感监测收集各湿地的属性信息，包括：湿地类型属性、湿地植被属性、湿地动物属性、湿地水源补给属性、湿地潜育层土壤属性、湿地所在地理区域属性等。

借鉴北美及欧洲国家在生态修复领域的经验，湿地生态修复离不开数字化应用的支持，具体表现为生态系统数据采集物联网化。

生态湿地监测和控制要在生态湿地各个区域安装多个水质、水量和空气、传感器配合陆地卫星遥感及GIS技术实现云平台数据的采集，并自动控制实施水质、水量实时监测，空气质量实时监测，鸟类品质及数量实时监控，湿地其他动物如河狸数量实时监测，植物群落对水中NO、NO_3、TOC等指标的影响，湿地水循环参数，原生树种在湿地保护与修复中的作用，植物群落对水生动物影响，植物种群构建种类模拟等，而且要布设探测器动态监测实时返回数据。

（1）地理信息系统

地理信息系统（GIS）可提供方便、快速的方法来评估大量场地的地形和条件。地理信息系统已被用于湿地系统的边界识别、湿地分类甚至水质评价。虽然受到电子制图数据可用性、获取数据相关的费用以及时长等限制。但是，同许多其他技术一样，随着技术进步费用会下降，而其数据的提供会增加。

（2）精准生态清淤与网格化泥水共治、自然生态修复技术

白洋淀湿地溶解氧低、内源污染严重，为了最大力度保护白洋淀淀区潜育层，利用复合式活水提质技术消减底泥内源污染，实现湿地原生态修复。已开展白洋淀底泥分布与污染、与遥感技术配合的精准生态清淤研究，以数字网格化泥水共治、自然生态修复技术研

究等数字技术的研究与实践工作。

（3）淀区芦苇、淤泥生物质循环技术

解决目前湿地芦苇及淤泥对水体富营养化的影响，需要一系列数字技术监测与控制。提出生物质循环利用技术路线。冬季干枯芦苇收割、粉碎后制成燃料颗粒；湿地底淤泥通过淤泥捕获并进行生态的淤泥收集、泥水分离，再利用芦苇制成的燃料颗粒燃烧的高温进行烘干，充分烧尽淤泥中的有机质成为透水性专用原料，再与建筑废渣及残渣、飞灰混匀制砖坯、高温煅烧形成透水砖，用于数字海绵城市的建设。

（4）蓝藻水华治理技术

蓝藻水华是富营养化湿地常见的生态灾害，产生毒素及死亡分解使水体缺氧和破坏正常的食物网威胁到饮用水安全和公众健康，造成较严重的经济损失和社会问题。“打捞上岸、藻水分离”的蓝藻水华灾害应急处置技术和“加压灭活、原位控藻”的蓝藻水华数字控制技术对蓝藻预防、治理和控制，该技术已成功解决了太湖蓝藻大面积暴发所带来的一系列难题。

（5）智慧湿地生态修复工程

智慧湿地生态修复工程不仅是实现湿地生态修复长效保持的重要保障措施，也是智慧水务建设的一部分，未来将汇聚接入数字CIM平台，统一管理，统一运行维护。

智慧湿地工程项目建设的主要任务包括：监测感知网建设、监控管理中心建设及管理应用平台建设等3个方面。形成自动监测与人工巡检相结合的全覆盖实时监测体系。其中，监测感知网建设包括自动水位雨量监测站、自动水质监测站、大气自动监测站。

5.4　在湿地中高端医疗康养业创新

医疗康养是国际新业态，我国在抗击新冠疫情战斗中不仅国际领先，而且对世界做出重大贡献，有目共睹。但是我国在医疗康养业，尤其是康养较欧美等国起步晚、落后较多。慢性病的治疗需要较长时间的康复，康复需要有好的自然环境，森林和海滨都是好的自然环境，人类利用这种环境康复和养老已有几百年的历史，但对湿地利用不够。在康复与养老方面湿地有大优势：一是交通相对方便；二是相对不孤立封闭；三是陆水交融，便于建立医院、疗养院和康复中心等设施。

2020年，我国贫困人口已全部脱贫，这一世界上空前的历史伟业在国际上引起了极大的振动。同时我们也应看到我国还有6亿人月收入不到1000元人民币，系统思维既是统筹解决，又要有层次考虑。正像邓小平提出“让一部分人先富起来”，创造了我们今天全民脱贫的物质基础一样，在全民已有基本医疗保障的同时，提出发展高端医疗康养业，同样是习近平新时代中国特色社会主义理论思想的体现，先对部分群体再惠及全民。需要走向高端的有下述专业：

5.4.1 心理咨询业

在心理咨询方面不能盲目照搬西方，要对中华文化和中医有自信，要以正确的心态"养心"。

老子讲养生先养心，养心有两个方面：一个是心理，一个是心脏。喜怒哀乐都是人的正常心态，是人之常情。一辈子都快乐，其他感情都没有，这根本不可能。一个正常人，喜怒哀乐都应该有。发发怒，完全是正常的；但是长期郁闷，不发泄或无由发怒，都是不可取的。心态要乐观积极，但不要超越自然规律。同时，心理作用是非常强大的，我认识一个抗美援朝的军医，他说心理作用对一个人太重要了，同样体质和受伤程度的重伤员，能否救活基本取决于个人的心志，有求生的信念，什么积极性都调动起来了，各种分泌都正常了，是抢救的基础。同时，人总做点新的事，比如创新、写作，有个爱好，也是调整心态的好办法。

运用系统的观点养生。用系统论的思想来养生就是要进行总量控制，要这也吃，那也吃，但是都别多吃。这也不能吃，那也不能吃，难免会出问题。这种有害物质吃多了，那种就少吃点。空气中不光只有PM2.5，还有PM10和臭氧，都有害。如果今天PM2.5高，我就不出门；明天臭氧高，我也不出门，不锻炼，不见阳光，这也是不行的。当然，PM2.5太高了是不能出门锻炼的。

人的基本需求就是食物、水、空气和阳光，这些元素是可以互补的。比如空气不好时，虽然外出不大好，但我们也可以通过在光线充足的室内多晒太阳增强体质来补救。这种养生观念应该让更多的人了解。

5.4.2 精准医疗

现在过度医疗非常普遍，比如支架，可以把血管撑开，但植入后也有可能发生支架部位再狭窄。将身高体重比设为定值不太科学，男女不同，骨密度不同，骨架大小不同，身高体重最佳比例也是不同的，要有更细化的指标体系，否则有可能误导减肥。许多理疗仪器是从外国引入的，用机器治人，必须针对本人情况，一般由私人医生操作。并根据病人病情变化不断调整，不是一个机器、一个指标，谁用都一样。伤后的康复十分重要，传统观念也要创新。我们讲究“伤筋动骨一百天”，德国总理默克尔滑雪时腿骨折，不到三个星期就拄拐上电视，一个半月就不用拐了。为了病人，尤其是老年病人，有很多外国康复手段必须活学活用。

5.4.3　科学锻炼指导业

现在讲锻炼要天天走1万步，一般至少要走一个半小时，不是所有人天天都有这么多时间走。有些人为了走1万步天天早起，影响了睡眠，反而影响了健康。锻炼也不需要天天走1万步。运动员天天保持相同的训练量，反而出不了成绩，要遵循任何事物都有起伏、有波峰波谷的规律。而且可以把其他运动折算成步，一般20岁以上8000步就可以了，而80岁以上则每天不少于6000步就够了。

如果为了保护膝关节就不爬山，这也是不科学的。笔者膝关节得过滑囊炎，大夫说已年过60（得病时）没法再爬山。正确姿势可以延长爬山年龄，下山时脚尖着地，尽量不要后仰，锻炼关节周围的肌肉，而且不走台阶走坡路，迈小步就可以了。如果完全不锻炼，关节周围没有肌肉的支持，就算走平路关节也会磨损。但是什么事都是有限度的，一般体质70岁以后是不应再做爬山这种运动了，可以用快走代替。

快走也是有标准的，可以用库珀法测量。一般大于70岁的男性12分钟走900m就可得“良”，女性则为800m，但这不是跑，而是在讲究心率的条件下完成的。当年国家体育总局袁伟民主任请笔者给体育界介绍12分钟跑，只知跑的距离和时间，而不管心率，就出了中国足球队把足球运动员变“长跑运动员”的笑话，更说明健身锻炼是一门科学。

5.4.4　精密医疗仪器制造业

科学仪器是科技创新的基石和利器，位于科技创新链的源头，我国医疗康养业在世界上不居前列，医疗仪器主要靠进口是重要原因，在建设世界科技强国进程中，医疗仪器这个领域也不能受制于人。分析仪器、光学仪器、生命科学仪器是科研工具，也是科研方法创新的产物。在科研方法上善于创新的设想，必须把它转化为科学仪器才能证实和实现，这是在科技创新链的策源动力。

笔者有亲身实践，早在50年前他在新疆仪表厂工作时，就因老式内径千分尺制作费时、费力、费料、废品率高，而自行成功设计了新型内径千分尺，并在本厂投入生产。但因1971年我国尚无“专利法”，找第一机械工业部也无人管此项工作而夭折，1977年日本设计出同样的产品并获得专利。今天这种现象应该不会再发生。

实际上新型内径千分尺在从输油管、输气管道到航空航天装置上都有广泛应用。在1975年，笔者作为改革开放后首批出国访问学者在欧洲原子能联营主持受控热核聚变中性注入器设计和制造时就常用。当拿到日本的新型内径千分尺并使用时，真是感慨万千，中国失去了一次在这个小领域世界领先的机会。

5.4.5 落实私人医生制度

实现高端医疗康养，落实一对一的私人医生制度是多么必要的，只有这样才能做到从实际出发的心理咨询，只有这样才能实施精准医疗，只有这样才能因人而异指导科学锻炼，只有这样才能有的放矢使用精密仪器。至于一个医生对几个病人要看医生的能力、水平、工作负担和病人的身体状况和领悟能力而定。

5.5 湿地生态修复、高端医疗康养新业态产业园区

在20世纪初，工业文明的上述弊端愈演愈烈，自第二次世界大战以后，西方国家开始以“园区”的设想来解决传统工厂的问题，力图从工业文明向生态文明过渡。

5.5.1 各类“产业园区”概念

大致有以下几个产业园区理念的形成和实际发展阶段。

1. 花园工厂

第二次世界大战后在西方，考虑到工人在工厂中恶劣的劳动条件，开始提出“花园工厂”的理念。世界上第一个花园工厂于1949年产生于英国，此后工业化国家竞相效仿。花园工厂与传统工厂没有实质区别，只是清洁美化了环境，在厂区种上了花草，但与脏乱差的原始工厂比起来，总算是一个进步。

2. 出口加工（经济特区）

20世纪50年代，西方提出以“出口加工区”这种产业聚集的形式来组合工厂群，主要是为了降低成本，减少污染，把劳动密集型工业转移到当时的发展中国家；但同时也提高了劳动效率、改善劳动条件。在“花园工厂”出现10年之后，第一个出口加工区于1959年在爱尔兰香农地区建立。

中国在这方面有理论和实践的创新，提出了“经济技术开发区”。经济技术开发区是

邓小平理论中关于开放理论的重要组成部分，起源于1979年后设立的经济特区的成功实践。1984 年3月，中央和国务院决定开放14个沿海港口城市，并于1984年9月批准大连经济技术开发区成立。

3. 科技园区

自20世纪40年代起，西方国家开始考虑工厂造成科学研究与经济生产分离的问题，同时也考虑改善生产的环境与自然条件。在1947年，当时担任美国斯坦福大学校长的F. 费曼提出在校园内成立一些由学生管理的小公司，实现从科学发明到技术开发直至创办企业的一条龙设想，这一指导思想就是知识经济的理论基础。在此基础上建立斯坦福大学研究园，并于1951 年在大学的支持下创办了斯坦福研究园，园区利用了大学在山谷的苹果园空地。20 世纪60年代末，科技园区在加利福尼亚形成规模，苹果谷变成了“硅谷”。

由于美国斯坦福大学研究园的成功，建设大学园区、科技园区、高技术园区、技术城和科技工业城等各种类型和名目的园区，成为世界许多国家发展高技术及其产业的普遍做法。

4. 生态工业园区

生态工业园区（Eco-Industrial Parks，EIP）是园区的一种创新，考虑比较全面地解决传统工业工厂的问题，最关键的是使生产和自然和谐，成为创造第二财富的典范。美国靛青工业发展研究所（Indigo）主任洛威（E. Lowe）教授于1992年最先提出“企业生态共生体（Industrial Symbiosis）”这一概念，这一理念基于联合国环境署工业发展局局长J.拉德瑞尔女士于20世纪80年代初总结的3R清洁生产原则。此后，英国提出第一个国家范围的工业共生项目NISP（National Symbiosis Pro Gramme）；1987年丹麦卡伦堡园区成立，并逐渐成为工业生态共生体的代表。湿地环境利于建立生态工业园区。

5.5.2　湿地生态工业园建设要求

生态工业园区是各类园区中创意最迟，也是要求条件最严的，湿地生态工业园应具有工业园的基本条件。

（1）生态工业园的概念

生态工业园就是按工业生态学建立的产业区域。所谓工业生态学就是在工业系统中构造“食物链”，使产品、废物和副产品在该系统各企业中流动，构成多维的再循环利用。

生态工业园区是一个由制造业、服务业和研发单位组成的企业群落，这些企业共享能源、水和原材料供应，并尽可能形成循环；共享科研成果、技术和资金，并尽可能形成聚变效应；共享周围环境，并尽可能协力修复周边生态系统。它通过在包括能源、水和原材料这些基本要素在内的环境与资源方面的管理与合作，来实现环境与经济的双重优化、循环运作和协调发展，最终使该企业群落寻求一种比优化每个公司的个体行为来实现个体效益之和还要大得多的群体效益。

生态工业园是依据循环经济理论和工业生态学理论而设计的一种新型工业组织形态。各种在业务上具有关联关系的企业聚集在一起，充分利用不同产业、工厂和工艺流程之间，资源、主副产品和废弃物之间的协同共生关系，运用现代化的工业技术、信息技术和经济措施优化配置组合，形成一个材料、水和能量多层次利用、经济效益与生态效益双赢的共生体系，实现经济与生态发展的良性循环。

总之，生态工业园就是自然形成的、依生态共生体原理，构成互补、互利循环、共同和谐发展的生态产业链工业群体。

（2）生态工业园的标准

生态工业园的建设除了遵循一般园区建设的规律外，还有其特有的规律，最重要的就是生态规律。

① 自然共生

生态工业园不能生拉硬扯、强拼硬凑，而要自然生成，对有生态文明理念和生态型生产需求的企业和单位实行三自原则，即“自愿组合、自由加人、自由退出”。生态共生就是自然的，大树下长哪种草、树上长哪种蘑菇都是自然形成的，强栽是长不好的。鉴于目前我国生态工业园都由政府管理，可以采取自愿报名的办法。

湿地生态修复产业和医疗康养产业是自然共生的。首先，两个都是新业态，在创新上思想共通；其次，两个产业都是直接为了“人”，生态修复提供宜居环境，而医疗康养则是直接为了人的健康，二者相辅相成；最后生态修复的宜居环境直接容纳和促进医疗康养。

② 按循环经济规律运行

生态工业园区由于其特殊性，不同于科技园区，企业一般不在园区外，仅通过网络联系，而是在同一区城内，这就要求对人园企业要求有门限。进入企业必须是排废排污少、技术含量高、产品附加值高的企业，只有这样才可能在园区中形成循环。

生态修复产业的一个重要部分是资源循环利用，如湿地产生的沼气成为燃料，净水植物芦苇的收割可形成利用的产业链以至循环（用作肥料），而医疗康养产业要利用生态修复产业处理废料，最重要的是直接延长人，尤其是高端人才的生命周期和生活质量，使他们能发挥出对社会的巨大正能量，培养新人才，直接加入最重要的循环，人才的循环。

③ 开发、使用高技术

园区企业间生态循环的构成不仅取决于企业的产品，还取决于企业使用的技术。因此，园区企业要有开发和应用环境友好、生态修复技术的能力。

园区可引进或组成有针对性的环境友好、生态修复技术开发中心，即孵化器，使生态修复技术数字化、智能化，如监测手段、水下清淤和网格管理；医疗康养事业同样需要数字化的监测、机器人手术和智能仪器。

④ 参与区域生态系统的修复

产业园区有义务通过自身建设，进行区域生态系统修复的参与和医疗康养范围的扩大。生态产业园应把这些视为自己的产出和社会责任。

⑤ 建设生态文明

生态工业园在建设生态文明方面的责任不仅仅在于生态系统修复和医疗康养，还在于文化建设，创建真正人与自然和谐的新文明。实际上人类文明始于湿地，世界的四大文明，中国的良渚文明、埃及的尼罗文明、伊拉克的两河文明、印度的印度河文明都是在湿地产生的。

生态产业园中应建立自己的文化，正像在工厂中工人逐步接受工业文化一样，成为生态文明的种子，使园区工人成为生态文明的播种机，园区成为生态文明的宣传队。

5.5.3　湿地生态园区的运行

目前我国的园区，实际上是花园工厂（如纺织工业园）、出口加工区、科技园区和生态工业园区等不同阶段和不同类型的园区都有，而且形成了一波又一波园区热，这是发展的必然，出现问题也是自然的。

我们要正确看待“园区热”这种新生事物，借鉴历史教训，积极正确引导。如何搞好湿地园区建设呢?首先要学习、研究生态园区运行的理念。

（1）以人民的获得感为中心

传统工厂的最根本问题就是把人当成“活机器”，成为流水线上的一环，在大大提高劳动生产率的同时，也在相当程度上抹杀了人性，使人不但成为机器体系的一部分，而且在机器的条件下工作。

因此，生态园区最核心的思想就是：不以金钱利润为一切，要以人民为中心。包括：

① 美化园区，改善劳动条件。

② 变机械式的条条管理为更人性化的矩阵管理，充分发挥工人的创造性。

③ 改变生产与人文分离的状况，建设园区文化。

（2）与自然和谐

与自然和谐是生态工业园的基本理念：

① 园区各类企业要在生产过程中做到循环经济的3R（减量化、再利用和再循环），按良性生态循环原则建设生态共生体。

② 改变传统工业生产单纯向自然索取和排放的做法。按新循环经济学的理念承担起

保护、维系、修复园区和周边环境的功能，并认识到这是新生产的一部分。

③ 发挥辐射作用，按新循环经济学的理念开发环境友好技术，实施生态工程。不仅创造第一财富——物质财富，而且修复、增值第二财富——自然财富，充分利用第三财富——智力财富；不仅创造GDP，使地区和国家富裕，而且创造绿色GDP，修复地区和国家的生态系统。

（3）逐步建立知识经济的高技术体系

工业文明依托的经济体系是工业经济，生态文明依托的经济体系是知识经济，园区的任务就是不仅建立自身的，而且合力建立起国家的新经济体系，使国家步入知识经济。

发展人工智能、量子信息、生命健康、脑科学和生物育种等前沿领域高技术，使之产业化，同时以高技术改造传统工业体系，从而形成绿色、低碳、循环的经济体系。

高度注重开发软件产业、网络产业和文化创意产业等，大大减少物质投入的知识型产业。

要做到科研、产业、政府和学校四方的有机结合，不能由政府包办。政府的职责是政策引导、基础设施，产业化职责是技术创新、绿色生产，科研机构的职责是基础研究和应用研究，学校的职责是人才培养与员工培训。

5.6　国内外湿地与经济发展调研

在国内外，湿地都与经济发展密切联系。

5.6.1　湿地与长江大保护

笔者于2020年12月12～13日作为中国生态文明研究与促进会（会长为全国政协原副主席陈宗兴）首席咨询专家应邀出席“健康长江（泰州）高峰论坛”做了“循环经济科技创新是长江经济带高质量发展的关键”主旨演讲。笔者提出了“健康长江的全流域节水和湿地保护”和“新循环经济促进全流域经济绿色发展”等创新理念给与会者很大启发，受到与会者的高度评价（图5–3、图5–4）。

（1）“循环经济科技创新是长江经济带高质量发展的关键”主旨演讲主要内容

①“高质量发展”的指导原则

学习习近平总书记“推动长江经济带高质量发展”思想，笔者提出：长江和黄河是大尺度的非平衡复杂巨系统。如何处理干支流、上下游、左右岸及地表水和地下水的关系是关键，水管理理论以水权（包括排污权）、水价和水市场为系统，都要善于运用系统思维。科学正确地认识长江及其流域的水情，在提高用水效率和节水方面都有很多工作要做，目前长江流域人均水资源量仅为2200m^3/人，从经济发展看，已接近笔者在联合国教科文主持制定的、温家宝总理批示全国学习、美国国务院引用的“中度缺水线”。长江水量大，有很强的自净能力的认识现在已不准确，目前长江自然生态修复能力并不太强。节水对长江同样重要。

图5-3　笔者在“健康长江（泰州）高峰论坛”做题为“循环经济科技创新是长江经济带高质量发展的关键”的主旨演讲

图5-4　笔者专著《新循环经济学》（2005年9月出版，清华大学出版社），书中阐述了最新的循环经济理念

② 新循环经济学“畅通国内国际双循环主动脉”

要实现可持续发展，只有走循环经济的道路。笔者着重分析了新循环经济学的创新部分的五个转变：从一变二——从单一创造财富到修复生态系统和创造第二财富；从一变三——从单纯的社会经济到社会经济、科学技术和自然生态的大系统；从二变三——不仅要研究经济循环和社会循环，也要研究资源循环；从三变四——即经济三要素：资源、资金和人力，还要加上自主科学技术创新，而且是第一生产力；从旧3R变新3R即从减量化、再利用和再循环的旧3R，扩大到——合理需求，可再生资源与循环经济体系的新3R。

③“生态优先”以水资源永续利用支撑可持续发展的“三水理论”

笔者于1982年将“可持续发展”概念介绍到国内，是最早将这一概念介绍到国内的学者之一。并提出水系统的“三水”概念，即生活用水、生产用水和生态用水，在国务院总理办公会议上得到时任温家宝总理的肯定。

按照自然规律统筹水资源的开发、利用、治理、配量、节约和保护，持续保持三源（地表水、地下水、再生水）三生（生活水、生产水、生态水）的供需动态平衡就是黄河与长江水安全、水资源永续利用和流域可持续发展的保障。建立国际标准的指标体系，对水资源开发利用实行总量控制，水指标体系统一，指导国际水资源合理配置，落实双循环。

④ 长江流域的湿地保护是“大保护”的基础

1990年，笔者任中国驻联合国教科文组织副代表，主持审定中国参加《关于特别是作为水禽栖息地的国际重要湿地公约》报告，并代表中国参加签约。提出并制定了国际水资源和水生态标准，现已在美国、法国和越南等多国应用，经温家宝总理批示全国干部学习，目前在全国涉水部门应用。创建“国际健康湿地”概念：既是污水处理厂，又是水库；既是蓄滞洪区，又是生态廊道，对于这些功能要全面保护和利用，前提是要“共搞大保护，不搞大开发”。

在关于湿地生态系统修复的理论研究中，笔者着重强调了：水系统和滩涂湿地；潜育层（底泥系统）；湿地的植物和动物系统；湿地是资源；滩涂是领土，而不是领海；修复滩涂，对生态系统具有重要贡献。湿地是“地球之肾”，所以任何国家修复湿地、修复滩涂，都是对世界的贡献，对“人类命运共同体”的贡献。

⑤ 具体建议

长江流域系统属于钱学森先生提出的非平衡态复杂巨系统，要创新思维，抓住重点，着力点是“一源（即长江源）、二廊（即沿江绿色生态走廊的建设，以湿地为内廊，林带为外廊）、三湖（即滇池、洞庭湖和太湖）、四点（即重庆、武汉、南京和上海）、五工程（三峡工程、南水北调东线和中线工程、葛洲坝等电站、太湖生态修复工程、湿地生态修复工程）、六管理（统一理论指导、标准、规划、监测、适宜应用高技术、成果检验）”。

还应特别注意三点：

第一，全面认真细致地调研当地的实际情况。

第二，鉴于目前还没有成功的纯人工生态系统，因此，不能主观推测、闭门造车。

第三，要与国际上条件近似的、较好的生态系统进行比较。

笔者主持制定《首都水资源规划》时，就对华盛顿、巴黎、柏林和马德里的生态系统作了详细调查，以资参照。生态系统是一个生命的共同体，不只是绿，例如马德里远不如北京绿，但远郊却有狼群，说明他的生态系统优于北京。

（2）会议期间，笔者接受了泰州市电视台的专访。

笔者在专访中提出：没有一个健康的长江，流域就没法可持续发展。不是人改造长江，而是保持长江自身的健康。“健康长江”提法很好，要维系保护长江的健康，可以推广到江苏省甚至更大的范围。“健康河流”的概念，笔者20年前在联合国教科文任职时就提过，在多地实践过，对“生态优先”的今天更该重视。健康是保证长江流域高质量发展的前提。关键就是推行循环经济，畅通双循环内循环的主动脉等。

（3）笔者给江苏省和泰州市领导提出的关于湿地生态修复的重要建议

湿地对城市而言是重要的环境资源，是为都市保留的一块“生态绿肺”。城市湿地良好的生态环境带给百姓的是美好生活的体现和获得感。

笔者提出：地球上有三大生态系统：森林、海洋、湿地，湿地仅占6%的面积，却为近20%的物种提供了生存环境，还具备湿润气候、净化环境的功能。江苏省分布着丰富的湿地生态资源，而且在湿地生态恢复上下大力气在原生动植物系统恢复上、在依水而居的百姓生产生活经济繁荣上、在湿地融入城市生活上等诸多方面都形成了一定的模式、积累了经验，在很多方面都可以与正在建设和生态修复中的白洋淀互相借鉴、互相促进。

与会的江苏省和泰州市的各位领导都高度重视笔者的讲话和建议，以及与雄安集团院士工作站的密切合作，并以此促进江苏省和泰州市湿地和水生态修复工作。

图5-5　在“健康长江（泰州）高峰论坛”会议现场笔者接受泰州电视台采访

5.6.2　云南晋宁南滇池国家湿地公园调研

2020年11月9日，笔者率调研组，在相关领导的陪同下对南滇池国家湿地公园进行了调研。

（1）调研目的：再次考察滇池治理效果

笔者在全国节水办公室常务副主任任上（1998—2004年）主要解决北方缺水和长江下游水污染问题，但对云南滇池的治理持续关注，持续考察近20年。

滇池在近30年的时间里投入逾千亿，但水污染久治不愈，严重时水质达Ⅴ类。最严重时水葫芦、蓝藻丛生，严重富营养化，近岸处甚至散发臭气，沿湖百姓反映强烈。

笔者经考察研究给中央上呈过《滇池久治不愈问题所在》的报告，提出一是应以系统思维组织各学科专家提出综合方案，不能“头痛医头，脚痛医脚”；二是滇池缺水，要有新水注入。这些建议均得到采纳，十几年后的现在效果如何，要亲自考察。

（2）南滇池国家湿地公园概况

滇池面积330 km^2，库容13亿m^3，平均水深3.97m，最深处8m，边缘年际变化大，从水文和生物特性看至少在边缘的1/3面积已具湿地特性。

国务院从“九五”期间就把滇池列入国家重点治理的“三河三湖”。昆明市按照“科学治滇、系统治滇、集约治滇、依法治滇”的治理思路，全面实施了以环湖截污、外流域引水、入湖河道整治、农村面源污染治理、生态修复与建设、生态清淤“六大工程”为主线的综合治理体系，在“遏制增量污染”的同时“削减存量污染”。

同时，昆明还在滇池流域全面深化河长制，探索建立生态补偿机制，实施“一河一策”水质提升方案。经过20多年的治理，滇池水质平稳向好。2019年，滇池全湖水质保持Ⅳ类，化学需氧量、总氮、总磷浓度较1995年分别下降53.6%、57.4%、78.2%。这标志着，作为“三湖”中的难点，滇池治理已经取得明显的成效。

南滇池国家湿地公园位于滇池南畔的昆明市晋宁区，以郑和文化和古滇文化为特色，突出湿地科普宣教功能（图5-6、图5-7）。于2014年12月获批国家湿地公园（试点），规划总面积12.2hm^2，湿地率91.43%，可独立构成生态系统。湿地公园由滇池南部水域和南滇池湖滨地带组成，为滇池筑造了一道绿色屏障，在净化入湖水质、滇池水环境保护、生物多样性保育、地方经济发展等方面发挥着重要作用。

图5-6　笔者（右起第4人）一行在南滇池国家湿地公园现场考察

图5-7　南滇池国家湿地公园

（3）南滇池国家湿地公园生物种群

南滇池湿地公园处在我国西部最大的候鸟迁徙通道上，是我们调研湿地生物多样性的重点。自开展试点建设以来，减少湿地野生动物栖息环境受人类活动的干扰，动植物栖息环境得到较有效的保护，野生动物种类和数量明显增加。

2018年湿地公园总体水质达到Ⅳ类，局部为Ⅲ类，优于滇池其他区域。改善动植物生长和濒危物种保护的条件发挥了国家湿地公园试点的作用，4年间植物由226种增加至260余种，鱼类共有21种，其中，鲤形目鱼类13种，占全部鱼类物种数的61.9%。外来鱼类共17种，占全部鱼类物种数的81%，“反客为主”其对生态系统影响尚有待研究。两栖爬行类20种；鸟类127种，其湿地中水禽67种，占所有鸟类种数的52.8%。湿地禽类栖息地特征明显。

公园规划区域内共发现云贵高原特有植物海菜花和国家Ⅱ级重点保护野生植物野菱各1种；极危级别的彩鹮、白眉田鸡等2种；列入国际自然保护联盟（IUCN）濒危物种红色名录中的极危级别物种1种（青头潜鸭）；列入《国家重点保护野生动物名录》的物种共计7种，均为国家Ⅱ类保护动物，包括彩鹮、黑翅鸢、红隼、棕背田鸡、领角鸮、灰林鸮、灰燕鸻。

国家湿地公园试点建设以来，通过监测，新发现鱼类2种，为鲇和黏皮鲻虾虎鱼；新发现鸟类3种，为钳嘴鹳、彩鹮、白眉田鸡，其中彩鹮和白眉田鸡均被列入《世界自然保护联盟》（IUCN）2012年濒危物种红色名录低危级（LC）（图5-8 ~ 图5-10）。

（4）生态与文化结合的经济价值

针对南滇池国家湿地公园以郑和文化和古滇文化为底蕴，笔者提出：南滇池国家湿地公园应学习“故宫文化赋能”案例，变文化优势为生态经济，创造生态价值。

图5-8　新发现的彩鹮，被列入《世界自然保护联盟》（IUCN）2012年濒危物种红色名录低危级（LC）

图5-9 南滇池国家湿地公园生态系统或动植物栖息环境得到有效保护

图5-10 湿地原生物种，群居的红嘴鸥

以故宫为例，已延展出无数动人故事及巨大的商业价值。除了商业价值外，也令其不断思考该如何在吃、穿、用领域进一步亲近年轻人，以及提升对居民日常生活的渗透度，始终没有离开“文创”二字。它存在的最大价值，或许不在其形式和产品上，而是能让更多的人近距离感受故宫文化的瑰丽、厚重。感受到的是我国深厚而持久的文化自信与文化力量。笔者的朋友单霁翔院长让文物“鲜活”起来，我们这些生态文明的建设者，也应将生态优势转变成生态经济，从而创造生态价值。

（5）南滇池国家湿地公园退耕还湿及湖滨带恢复

云南晋宁南滇池湿地公园所处滇池水域范围，曾经历了两次“围湖造田”。一次是20世纪50年代开展的全民性“围海造田”运动，一次是20世纪80年代为整治滇池周边水淹田而开展的“防浪堤”工程，而“防浪堤”工程被公认为加剧滇池污染。

为保护滇池，2008年昆明市启动了“四退三还一护”工程，通过在“四退三还”区恢复湿地植被和滇池湖滨带，构成了由湖泊湿地、河流湿地、沼泽湿地、库塘湿地组成的复合湿地生态系统，修复和恢复湿地结构和功能。

2014年晋宁启动了云南晋宁南滇池国家湿地公园申报工作，并于2014年4月，启动了项目征地、拆迁、建设工作，投入4.435亿元，退田、退塘共4739亩（3.12 km^2），退居民181户，退房3.1万m^2。投资3.4亿元实施了库塘基底修护、河道综合整治、防浪堤拆除等多项以保护和恢复湿地功能为主的工程建设，晋宁水上森林生态湿地公园项目正式启动总投资1.68亿元，占地1239亩。

云南晋宁南滇池国家湿地公园（试点）建设以来，系列保护工程得到较好落实。具体工作主要是：2017年，投资65.1万元，打捞入侵有害水生植物水葫芦、大薸500亩；投资300余万元，建成滇池湿地生态系统监测定位站。2018年，投资121.2万元，对入侵有害物种水葫芦、紫茎泽兰进行防控；2019年，投资43.5万元，安装“森林眼”，购买监测无人机，实现全方位监控保护。

（6）外来物种入侵已成为自然生态系统面临的严重问题。

在云南，外来物种对湿地生态系统的入侵不仅种类多、数量大，而且发生范围广。入侵物种通过占领本地物种的生态位，减少本地物种的可利用资源，对种群分布、群落、组成与结构产生负面影响。这些变化使原有的生态系统退化，打破生态平衡，导致其他本地物种消亡，引起生物多样性下降。

湖泊湿地受到的威胁最为严重，九大高原湖泊全部受到外来物种入侵。20世纪60年代以来，云南为了发展渔业，先后从广东、广西、湖南、湖北等地引入外来鱼类30多种，其中鲤鱼、鲫鱼、鳙鱼、太湖新银鱼等外来鱼类进入云南的湖泊和水库后迅速繁殖扩散，争夺土著鱼类生存空间，破坏原有食物链。外来物种大量取食土著鱼类的卵和鱼苗，导致部分土著鱼类种群数量迅速下降，甚至濒临灭绝。如抚仙湖由于引进银鱼，在短短的七八年间，几乎导致该湖特有珍稀鱼种抗浪鱼从繁盛走向灭绝。又如，大理洱海原产鱼类17种，大多为洱海特有种，并有重要的经济价值，由于外来种的引入，已有5种陷入濒危状态。

在云南湿地中，植物的入侵同样令人担忧。常见的入侵物种有水葫芦、大薸、紫茎泽兰、藿香菊、辣子草、喜旱莲子草等，不仅种类多，生物量也很大，对本土物种生存空间的挤占十分严重。

图5-11　笔者向晋宁区代区长杨万红赠阅专著《湿地修复规划理论与实践》

笔者提出严防外来物种入侵和中国创立“国际健康湿地评选”的重大建议。

严防有害外来物种入侵。在各地调研得出一致结论：在湿地生态修复工作中，必须坚决执行习近平总书记“湿地贵在原生态”的指示，不能想当然，随意引进外来物种，好心办坏事。如果引进必须进行小面积长周期（至少两年）的试点。科学防除已有的入侵种和存疑种，建立隔离圃，提高就地消杀灭能力；将检疫处理推到最前端，防止调入苗木时引入新的病虫害和外来入侵种，为生态系统“筑牢防护网、系好安全带”。认识一致，亟待落实。

针对外来物种入侵，笔者讲了一个在西澳大利亚考察，州长给他讲的真实故事：17世纪一位从英国移民澳大利亚的人带了4对兔子当宠物，因兔子的繁殖能力强，后面疯长出成千万的兔子与羊争草场，只得派军队捕杀。后来专家建议：找兔子的天敌。天敌就是狼，把狼也引进来了，狼到这里也开始疯长，狼倒是吃兔子，但是它更吃羊，造成了更大的灾难。这就是历史的教训。

所以在外来物种入侵一事上，我们国家在湿地生态修复过程中不应再走“老路”。这就是“健康”的含义，是以原生物种为主，外来物种得看是不是引入正能量。桉树也是我国的例子，在云贵广西的引入都是失败的，经济价值低，抑制其他树种和灌木生长，还毒害土壤。

5.6.3 “国际湿地城市”认证存在的问题

针对目前中国各地都在热衷的“国际湿地城市”认证，首先要明确的是它的目的是什么？国家已经发布文件强调不搞没有实际意义流于形式的评比，对国内是这样，对国外也不例外。它的目的可以从认证标准的要求看出。“国际湿地城市”认证的主要认证标准为：

（1）“行政区域内应当有一处（含以上）国家重要湿地（含国际重要湿地）或者国家级湿地自然保护区或者国家湿地公园等。”这个标准的实际意义很小，实际上是重复评选。我国已评出的应有决定性话语权，无需国际再评比。

（2）而且主持认证的只是联合国教科文组织下属的《国际湿地公约》秘书处（笔者为联合国教科文组织科技部门顾问时曾在20年前管过这项工作），做这种全世界大规模的国际评比其资质是否足够。应该有主管的联合国教科文组织执行委员会投票通过的正式文件。

（3）规定湿地率在10%以上过高，湿地保护率不低于50%又太低。笔者认为这个认证在中国“市管县”的行政区划下是不科学、不合理的，无论是国际组织还是国内主管部门，必须了解中国国情。我国一个市的面积有成千上万平方千米，为此盲目扩大湿地，尤其是在西北和华北缺水地区会造成破坏水平衡的严重后果。而在国外大多都是“县管市”，一个市一般只有几十平方千米，10%的湿地率很容易达到，因此，这个标准是不公正的。

（4）因此，“国际湿地城市”并未受到国际的广泛重视，评出的以中国最多，法国除1个外实际是镇，韩日也无大城市，而在南北美洲和澳洲则没有。世界范围内响应不积极，进展很慢。

鉴此笔者拟在第14届国际湿地公约缔约方大会上提出以中国为主体创立“国际健康湿地公园”评比，我国的湿地生态修复理论已经国际领先，要引导世界潮流，组织专家团队编制《国际健康湿地公园评比大纲》及相关规则。打造成国际重要生态评比，引领我国和世界科学、健康地进行湿地生态修复和恢复，达到国际健康湿地的标准后，再进一步提升到国际健康湿地公园。将对世界第三大生态系统的修复起重大作用。

评比条件不是空洞的名称和数字，而是湿地科学的生态功能，及其对地球自然共同体的贡献。条件如下：

① 蓄水功能：超过城市用水的30%；

② 净水功能：提供Ⅲ类以上城市用水的20%；

③ 防洪、蓄滞洪水的能力，故城市不必修百年一遇洪水标准的防洪堤；

④ 碳汇能力超过该城市森林的作用；

⑤ 调节气候，较同纬度邻近的非湿地城市夏季最高温低1℃；

⑥ 湿地的经济产出（包括旅游、休闲和康养）大于地区GDP的10%；

⑦ 栖息越冬禽类逐年增加；

⑧湿地面积不减少。

只有这样的湿地才是健康湿地，才会对地区释放正能量，居民才有获得感，认证才有实际意义。

5.6.4　重新认识世界第三大孙德尔本斯湿地考察

笔者2008年乘车沿恒河考察，沿途有星罗棋布的小池塘，实际上是泥塘。在赤日炎炎之下，孩子就在泥塘里玩耍，陪同官员说印度政府已采取了防止农户排人畜粪便的措施维护。

（1）笔者在联合国教科文组织科技部门任顾问时提倡湿地沼气站在这里落实

德里郊区的农村是比较典型的印度新农村，也是印度农村发展的方向。我们首先访问了距德里30 km的马苏德布尔社区沼气站，离开城郊的柏油路，转入土路就到了农村，本来德里依湿地而建，但在距德里大约10 km的地方才见到湿地的遗迹，第一口水塘，这里的农村树木较多，进村时浓荫蔽日，显得很凉爽。笔者在联合国教科文任科技部门顾问时提倡在湿地建沼气站，在印度政府的支持下在这里实现了。沼气站设在一个大院子里，设有牛粪发酵池、沼气储气罐和输送管道，社区农民把牛粪送到这里，制成沼气后再输到用户，用户只交很少一点钱就可用沼气煮饭、照明，这是解决农村能源问题，防止农民砍柴割草破坏湿地的最好办法，同时也是防止向湿地排污的最好措施。

时任印度总理的英迪拉·甘地夫人曾来这个沼气站，并种下了一棵树，现在树已长大，旁边只立了个小木牌，上面写明“英迪拉·甘地植，1981年”，没想到仅在三年之后，她就被刺身亡了。

笔者还访问了一户农民，看来应该称为“地主”。他家有个巨大的庭院，修剪得十分整齐，完全像一个花园，一半种花草和果树，高大的果树下，开着色彩鲜艳的花，芭蕉有如巨扇，绿草有如地毯，黄瓦的凉亭立在园中。园子的另一半种些玉米和蔬菜，完全是园林化的栽植，看来产量很高，如果印度的土地都这样经营，那印度的粮食产量真可以成倍地提高。园子角上是一个沼气池，这家刚好养4头牛，可以生产自给自足的沼气，是一个利用沼气的典型农户。这些措施我们也都可以对白洋淀淀内和周边居民采用，防治污染，节约能源。

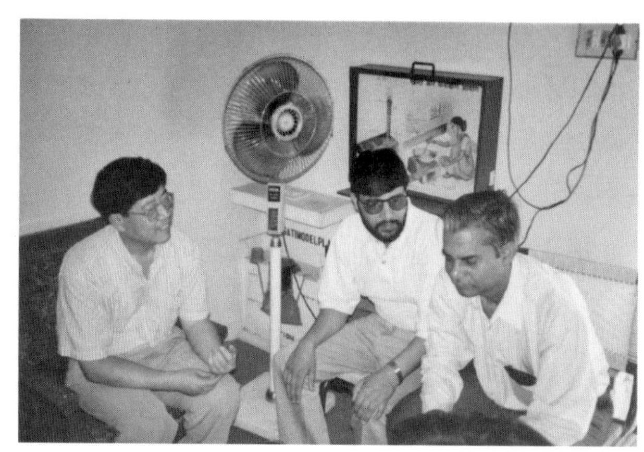

图5-12 笔者与印度环境部官员探讨湿地保护

笔者在联合国教科文组织科技部门任高技术环境顾问时就在亚洲、非洲和拉丁美洲大力提倡农村使用沼气，虽然技术不高，但是“创新”，对湿地环境的作用得到当地民众的交口称赞，回国后笔者大力推广，但了解到在北方冬天太冷不易发酵，是否适宜技术要因地制宜。

（2）居世界第3位的孙德尔本斯湿地

恒河下游湿地就是孙德尔本斯湿地，面积12万km^2，它是恒河三角洲的一部分，跨印度和孟加拉国，与孟加拉湾相邻。孙德尔本斯的最大特色是拥有世界上面积最大的红树林，面积达4262km^2。红树林里陆水交融，其中水面2320km^2。红树林是长在泥泞的潮间带的常绿植物，它对稳固海岸带土地具有重要作用。红树林能在被污染的湿地环境中生存。同时，孙德尔本斯也是著名的孟加拉虎栖居地。1973年，孟加拉虎保护区在此成立；1984年，孙德尔本斯正式成为国家公园。孙德尔本斯国家公园面积1330km^2。

孙德尔本斯湿地保护区水系发达、河道纵横，与白洋淀类似，但降水量大得多，从六月中旬到九月中旬是雨季。该地平均最高温为34℃，平均最低温20℃，也比白洋淀高。

连年来由于对林地进行大规模的填湿为田，也因为在恒河上游大规模引水灌溉工程而产生的土壤盐碱化，使得许多珍稀动物濒于灭绝。这一教训值得国际湿地记取。

孙德尔本斯湿地本来是河网密布的地方，有5条大河，半个世纪以前上游修水库，4条河都没了水，只有1条河也几乎成了一潭死水。笔者看到由于水流几乎停滞，上面长满了水葫芦，像一片菜地，有人在钓鱼，下到水边，在隆冬季节还发出刺鼻的腥味。旁边就是圣雄甘地的庙，当年甘地常到这里来沐浴。这里是印度教圣地之一，历史上每逢圣日，都有成千上万的印度教徒来河中洗浴净身，祈求福祉。笔者询问村民："这样的水还怎么洗浴?"答："平常已不能洗了，夏天水大可以把水葫芦冲走。"问："水再减少，污染再重，即便夏天的大水也冲不走了怎么办?我在非洲就见过这种情况。"答："真的吗?那怎么办?圣河啊!圣河。"老人几乎要哭出来了。

如同中国的黄河不断改道一样，老恒河曾是恒河的入海主流，现在成了支流。在码头我们又看到码头上人头攒动，河岩边船舶成排，河中水流乌黑，小船如织。为了照相，我们租了一只宽3m、长10m的大机动木船，下到了老恒河，这段河宽300～500m，很有气势。港口上布满了人，船工、乘客和看热闹的，上船要从人丛中蛇形前进；港边船与船之间挤满了漂浮物，水比日本的大酱汤还浓，在不到20℃的温度下还散发出腥臭味。

河中心水质并不稍好，肯定是劣Ⅴ类水，颜色乌黑、水草和鱼都看不见，仿佛进了一条"墨河"。像达卡的街上有各种车一样，河上有各种船，小木船、大木船、机动木船、小铁壳船和轮船，最小的木船不到1m宽、4m长，只能坐6个人，大的轮船则有几百吨。这些船有渡客的、拉货的、远行的、住家的，就是没有游艇，已基本丧失旅游功能。大小船上的孟加拉人都向我们这十里江面上仅有的游客招手致意，我们是"稀善"。

走了不远就看到岸上的鱼市，鱼从船上搬到岸上的鱼市中，烂鱼和鱼的内脏则从市中搬下来倒在水中。还有菜市，各种各样的蔬菜从船中搬到岸上的菜市，烂菜叶则从市中搬下来倒在水中。更有甚者，岸上不断出现五颜六色的土堆，宽达50～60m，驶近一看，原来是沿岸垃圾堆，下面的垃圾则流入河中。许多段岸边长满水葫芦，水量如此充沛的大河中也有水葫芦，在世界上确不多见。但船工发明对水葫芦的妙用，把编好的竹排放在水葫芦群上，这里就成了河中"人工岛"，如走平地，可以存放工具，可以晒鱼，还是小孩的运动场，真是"污染物利用"。

河中还有一个小岛，叫卡马兰吉（Kamarangi）岛，长2.5km，宽200m。在距入海口还有200km的地方，这个冲积岛已经很大了，说明恒河的水量之大；而且岛还在逐年成长，说明上游的水土流失。岛上还有居民区和小楼，本该郁郁葱葱的岛上，灰蒙蒙的一片，只有几株椰树在随风摇摆，据说这0.5km^{2}的弹丸小岛也住了几千人，真不知这污水河中的居民的生活感受该如何。

老恒河水量还较充沛，由于它的水源在孟加拉国境内，上游没修水库，但污染成了大问题。我们看到的鱼肠堆、烂菜叶堆和垃圾堆还是小巫，而自20世纪末新开的纺织厂、印染厂和制革厂这些重污染企业才是大巫，以前只是麻织厂。以前不但水比现在大，而且清，在河中就可以捕到大鱼，现在河里几乎捕不到鱼了，只有下游才能捕到，鱼也是越来越小。我们看到河中船上的鱼，多是小“猫鱼”（喂猫的鱼），我们的机帆船手从船上送给朋友几条海口捕到的不到2斤的鱼，小船上的朋友已是喜笑颜开。

河水的干涸和污染，也严重地影响了陆上生态系统，三角洲已很难见到森林世界闻名的孟加拉虎，在河口附近再也见不到了，而在20世纪50年代会游泳的孟加拉虎还在沿海出现。孟加拉国还有一种身长只有1.2m，叫希塔（Shita）的小虎，在这一带也见不到了，就连遍布沿海地带的鹿也十分少见了。

陪同在哀叹恒河三角洲生态系统严重蜕变，说20世纪50年代前他是孩子的时候，老恒河一年四季波涛滚滚，水是清的，大鱼很容易抓到；三角洲地是绿地，原始森林还残存，不但鹿很多，还可以看到野猪，甚至可以见到孟加拉虎；短短50年，天移地转，旧景不再。不过他说，政府已经开始注意到这个问题，2006年已经出了法令，年产值在1000万塔卡（约合17万美元）以上的企业，要办排污许可证，必须建污水处理设施，使排放达标。总算开始保护恒河了，但是执法如何呢，多如牛毛的年产值低于17万美元的企业怎么办呢?老恒河如再不治理，其与日俱增的河流本底即河床淤泥的污染将成为不治之症。

12年过去是否改变，只好疫情过后再去调研了。

参考文献

[1] 吴季松.湿地修复规划理论与实践[M].北京：中国建筑工业出版社，2018.

[2] 吴季松.治河专家话河长——走遍世界大河集卓识 治理中国江河入实践[M].北京：北京航空航天大学出版社，2017.

[3] 吴季松.水！最受关注的66个水问题[M].北京：北京航空航天大学出版社，2014.

[4] T. Olin &J.Craig Fischenich. Wetlands Engineering Handbook.[M].Washington：US. Army Corps of Engineers.

[5] 吴季松.创建资源系统工程管理新学科——兼谈“首都水资源规划”新型工程管理[J].中国工程科学，2004，6（8）：5-11.

[6] 吴季松.工程管理的总量控制是经济发展方式转变的重要手段——以水环境、水资源工程为案例[J].中国工程科学，2012（14）.

[7] 吴季松.生态文明建设——卅年研究/百国考察/廿省实践[M].北京：北京航空航天大学出版社，2016.

[8] 吴季松.中国可以不缺水[M].北京：北京出版社，2005.

[9] 吴季松.百国考察廿省实践生态修复——兼论生态工业园建设[M].北京：北京航空航天大学出版社，2009.

[10] 吴季松.新循环经济学[M].北京：清华大学出版社，2005.

[11] 吴季松.世界草原与海岛考察[M].北京：北京航空航天大学出版社，2009.

[12] 吴季松.循环经济概论[M].北京：北京航空航天大学出版社，2008.

[13] 吴季松.让全国人民喝上好水[N].科技日报，2008-09-04（12）.

[14] 吴季松.一种新经济学的提出——新循环经济学[J].公共行政学报（台湾政治大学），2006（3）.

[15] 吴季松.水务知识读本[M]. 北京：中国水利水电出版社，2003.

[16] 吴季松.循环经济[M].北京：北京出版社，2003.

[17] 吴季松.现代水资源管理概论[M].北京：中国水利水电出版社，2002.

[18] 吴季松.亲历申奥 [M].北京：京华出版社，2001.

[19] 吴季松.水资源及其管理的研究与应用——以水资源的可持续利用保障可持续发展[M].北京：中国水利水电出版社，2000.

[20] 吴季松.21世纪社会的新细胞——科技工业园[M].上海：上海科技教育出版社，1995.

[21] 吴宇江.钱学森“山水城市”理念探究[M]//陈望衡，邓俊，朱洁.美丽中国与环境美学.北京：中国建筑工业出版社，2018：211-210.

[22] 彭镇华，江泽慧. 长江中下游低丘滩地综合治理与开发研究[M]. 北京：中国林业出版社，1996.

[23] 徐乾清. 中国水利百科全书水文与水资源分册[M]. 北京：中国水利水电出版社，2004.

[24] 汪恕诚.资源水利——人与自然和谐相处[M].北京：中国水利水电出版社，2003.

[25] 姜弘道.水利概论[M].北京：商务印书馆，1992.

[26] 叶文虎，吴季松.“循环经济与中国可持续发展研究”系列丛书[M].北京：新华出版社，2006.

[27] 姚玲珍.工程项目管理学[M].上海：上海财经大学出版社，2003.

[28] Wu J S.Recycle Economy[M].Bologna，Italy：Effeele，2006.

[29] Wu J S. The Role of Natural Science，Technology and Social Science in Policy-Making in China [J]. International Social Science Journal，1992，132.

[30] 吴季松.欧洲的循环经济与北非的水[M].北京：中国发展出版社，2007.

[31] 吴季松.东亚的生态系统[M].北京：中国发展出版社，2007.

[32] 吴季松.非洲的自然资源[M].北京：中国发展出版社，2007.

[33] 吴季松.美洲和大洋洲的自然资源管理[M].北京：中国发展出版社，2007.

[34] 吴季松.日本的循环型社会[M].北京：中国发展出版社，2007.

[35] 吴季松.从世界看台湾（第2版）[M].北京：清华大学出版社，2007.

[36] 吴季松.创新的美国·美洲[M].北京：北京出版社，2003.

[37] 吴季松.德国之谜·奥地利·瑞士[M].北京：北京出版社，2003.

[38] 吴季松.浩瀚的俄罗斯·东欧[M].北京：北京出版社，2003.

[39] 柯英.大地的呼吸——湿地生态笔记[M].兰州：甘肃人民美术出版社，2016.

[40] Steven.G.Whisenant.受损自然生境修复学[M].赵忠，等，译.北京：科学出版社，2008.

[41] 徐庆，高德强，方建民，等.淡水森林湿地恢复技术[M].北京：中国林业出版社，2018.

[42] 朱四喜，王凤友，杨秀琴，等.人工湿地生态系统功能研究[M].北京：科学出版社，2018.